赶走忧虑

28天重回生活正轨

STOP WORRYING

GET YOUR LIFE BACK ON TRACK WITH CBT

[荷] 艾德·克考夫 等 / 著

熊偌均 / 译

上海社会科学院出版社

致　谢

本心理自助书是 200 位"忧虑者"参与研究计划的成果,他们当时阅读的是本书的草稿。对这些"忧虑者"的科学测量和反应记录都促成了本书的改编与进步。

用于评估每周忧虑程度的问卷取自《宾州忧虑量表——上周》(*Penn State Worry Questionnaire——Past Week*; Stöber & Bittencourt, 1998)。用于评估每日忧虑程度与睡眠的问卷则是取自尚塔尔·舒茨(Chantal Schutz, 2002)研究忧虑的硕士论文。

书中大多数的练习都是新的,而且是特别为本计划所设计的。一小部分则是常见的认知行为疗法练习(如放松练习)或冥想练习(如飘荡思绪练习)。

本书第 22 天的"3 栏练习",由赫尔曼(H. Hermans; *Je piekert je suf*, 2006: 65—66)原创。

本书第 23 天的 7 个步骤改编自史德和史威《忧虑生活》(*Living with Worry*; F. Sterk & S. Swaen, 2004: 83)中的 5 步骤练习。

感谢安娜·乔治(Anna George)忠实地将本书从荷兰原文翻译成英文;也特别感谢公开大学出版社(Open University Press)莫妮卡·李(Monika Lee)博士的热情与支持。

关于作者

艾德·克考夫（Ad Kerkhof）是阿姆斯特丹自由大学的临床心理系教授，专攻忧虑、抑郁与自杀研究。艾德·克考夫也有个心理治疗室，专门帮助持续为忧虑、抑郁、倦怠与自杀思绪所扰的客户。他观察到，自杀与自杀未遂往往尾随在长久的忧虑与失眠之后。在那之后，他便将自杀思绪视为持续性过度忧虑的一种表现。这让自杀预防、抑郁与自杀倾向心理治疗有了新的出发点。本书的诞生是希望可以帮助忧虑的人不会到达想要自杀的境地。

赛义德·艾可尼（Saida Akhnikh）、安娜可·库普曼（Anneke Koopman）、马尔腾·范德林德（Maarten van der Linde）、玛莲·斯塔姆（Marleen Stam）和艾尔万·图特昆（Elvan Tutkun）是阿姆斯特丹自由大学临床心理学系的博士生，他们执行"停止忧虑"计划的研究成果构成了本书基础。

序

"过度忧虑"这个重担可能严重拖累与之搏斗者的生活。例如，忧郁症患者必须比一般人花更多力气来处理它。而在某些个案中，过度忧虑甚至演变成"忧虑障碍（worry disorder）"，大大地扰乱了他们的生活。在英国，大约有4.4%的成年人患有忧虑障碍［又称作"广泛性焦虑障碍"（Generalized anxiety disorder）］。虽然我们并不确切知道有多少人正驮负着过度忧虑的包袱，但估计每年达数十万人。因此，"过度忧虑"毫无疑问是个十分常见的现象。

值得称道的是，现在出现了一本专为过度忧虑者们撰写的书。本书最棒的一点是，它提供了各式各样减少忧虑的方法，让读者们在家就能自行练习，那些被忧虑折腾的人们可以颇为满意地自行处理他们的状况。我们是从数个科学研究中得知这个成果的。过度忧虑如果认真处理，是很可能可以大幅改善的。

本书由艾德·克考夫（Ad Kerkhof）教授及其同事撰写。他不仅是我十分尊敬的同事，也是一位经验丰富的临床治疗师。克考夫教授拥有多年的心理治疗经验，他将这些智慧结晶集结成了本书。您将发现书中的练习虽然简单，但整体规划却十分有效与恰如其分。

除了在临床执业外，克考夫教授还是一位优秀的研究员与学者。阅读本书时，您会发现他非常了解该领域的研究成果。本书基于认知行为疗法的原理，这个疗法用在处理忧虑上非常有效。此外，本书编排的方式让读者可以根据自己的需求调整练习的内容。

总而言之，这是一本非常棒的书，我全力推荐给那些想要处理，甚至改变过度忧虑状况的人。

皮姆·库艾坡（Pim Cuijpers）教授
2007年秋天书于阿姆斯特丹

本书使用提示

这本心理自助书包含许多可自己在家做的练习，这些练习在任何时地都能做，不论是在车上或在购物的时候。这些练习会帮助你缓慢却着实地减少忧虑，而你只要每天拨出两次15分钟时间。这是一项可以快速回本的时间投资，因为你将花更少的时间忧虑。别忘了勉励自己在周末时也要做练习。

本书每天都有一到多个练习。我们建议你静下心来逐页阅读，花点时间尝试每项练习。一阵子之后，你会知道哪些练习最适合你，便可以专做这些练习。如果在读完本书后，你发现自己有时仍在忧虑，那么就可以再回来做练习。

忧虑经常自动产生，而你也不一定会意识到它们。但你若专心致志便会发现：自己忧虑的频率可能比之前意识到的更高。这也会使得在一开始做练习时，你会误以为自己的忧虑更严重了。但一阵子之后你应该就会注意到，自己的脑袋不再那么经常被恼人的思绪攻占。

本书无法解决你人生的问题，但可以帮助你学习如何不那么被这些问题困扰。帮你把浪费在忧虑的时间，拿来花在寻找真正的解决方法上。

我们祝你成功并享受练习的乐趣！

艾德·克考夫（Ad Kerkhof）

赛义德·艾可尼（Saida Akhnikh）

安娜可·库普曼（Anneke Koopman）

马尔腾·范德林德（Maarten van der Linde）

玛莲·斯塔姆（Marleen Stam）

艾尔万·图特昆（Elvan Tutkun）

用认知行为疗法处理忧虑

对于想要了解本书原理的读者（不论是来访者或治疗师），接下来几页会是一些科学背景资料。如果不想阅读此内容，可以直接进入本书正文。

认知行为疗法（Cognitive behavioral therapy，CBT）模型强调：情绪状态，如忧郁、愤怒和自杀念头经常因为夸张或有偏见的思维方式而挥之不去或越演越烈。在治疗过程中，来访者会被教导如何改善他们的思维习惯，常见的习惯有：泛化定论（generalization）、选择性注意（selective attention）和灾难化（catastrophizing）等。在 CBT 中有不同的技巧和方法来处理这些思维习惯。如今越发明白的是：来访者要从 CBT 中受益，其实不一定要与治疗师面对面。基于网络的心理健康自助方法、阅读疗法或利用电子邮件聊天治疗也是可行的。

忧虑是一连串通常失控、充满压力又反复出现的负面想法，大多在预测未来的负面事件，聚焦在控制和避免未来的危险和失败。忧虑亦是广泛性焦虑、创伤后压力和忧郁的核心元素（Borkovec et al., 1983; Borkovec, 1994; Borkovec & Sharpless, 2004; Chelminski & Zimmerman, 2003; Kerkhof et al., 2000）。此外，忧虑和思维反刍（rumination）两者密切相关，其过程却迥然不同（Fresco et al., 2002; Watkins et al., 2005; Hong, 2007）。两者也与一般健康问题、心血管疾病，以及心血管、内分泌、免疫活化有关（Brosschot & Van der Doef, 2006; Brosschot et al., 2006）。更有大量研究认为忧虑与神经系统有关（Davey & Tallis, 1994; Tallis & Eysenck, 1994; Muris et al., 2005）。而过度忧虑可能是焦虑和忧郁的催化剂之一，也可以被视为焦虑和忧郁的产物。

过度忧虑即便只是轻微的也令人不胜其扰，它可能导致失眠和压力。以预防或公共卫生方法的观点来看，有几本热门的书可以帮助人们减少忧虑，预防其发展成更严重的临床症状（例如：Nolen-Hoeksema, 2003; Tallis, 1990; Sterk & Swaen, 2004; Leahy, 2006; Hayes, 2005）。读者可以从中汲取处理重复侵入性思绪（如：省思或忧虑）的技巧和建议。然而，目前还没有很多实验性研究聚焦在非临床性忧虑的心理治疗上。大多数对忧虑的治疗的相关研究都集中在患有广泛性焦虑障碍（General Anxiety Disorder, GAD）的对象上（Ladouceur et al., 2000）。

自助性治疗干预（self-help interventions）可以有效帮助一般大众改善心理健康问题（Anderson et al., 2005; Boer et al., 2004; Cuijpers, 1997）。自助性治疗干预是一种有框架的心理治疗方式，人们可以在家独立完成，更可以透过书本（阅读疗法）、光盘、影片、电视节目或其他网络方式进行（Spek et al., 2006）。自助性治疗干预可以帮助那些尚未或不打算寻求专业心理健康协助的一般大众。

在一项针对荷兰成人社区研究中，9%的受访者表示自己有过度忧虑的状况。这意味着约有110万的荷兰成年人正在某种程度上遭受痛苦。而报告也指出，与其他人相比这9%的人心理健康受到了负面影响，一年中请病假的天数也较多（30 天对 12 天）、更常看家庭医生（7 次对 3 次）、服用镇静剂（35% 对 9%）和抗忧郁药物（22% 对 3%）的比例更高（Foekema，2001）。由这项研究中可以清楚得知，过度忧虑者虽然确实获得更多的医疗照护，但许多人并未获得足够的帮助或治疗，使得他们仍然长时间地忧虑。因此，我们认为有必要发展一套有框架的自助方法，提供给该小区的居民作为对抗一般程度的过度担忧的工具，以预防情况恶化、需要进一步心理治疗的状况。而我们也认为，以写作的方式教授减少忧虑的短期课程，方便透过医生、书店和网络传播是十分值得的。

我们使用了 Borkovec 和 Costello（1993）；Borkovec 和 Newman（1999）；Borkovec 和 Roemer（1995）以及 Dugas、Gagnon、Ladouceur 和 Freeston（1998）的忧虑模型作为本书治疗干预的主要架构，聚焦在对不确定性的不耐性、对忧虑的错误信念、不良的问题取向（problem orientation）和认知逃避（cognitive avoidance）。我们将这些对治担忧的 CBT 方法与问题解决方法和一些正念方法结合使用（Beck et al.，1979；Borkovec et al.，1983，Butler，1994；Leahy & Holland，2000；Leahy，2002，2003，2006；Broderick，2005；Segal et al.，2002；Hayes，2005；Hazlett-Stevens，2005；Ladouceur et al.，2000；Wells & Papageorgiou，1995；Wells，2000；Davey & Wells，2006）。CBT 和问题解决方法在抑郁、焦虑及其他心理健康问题的面询治疗上已经被证实有效。此结论也适用于 CBT 自助方法。在治疗干预的范畴中，CBT 在治疗过度担忧上的应用已引起相当的关注（Ladouceur et al.，2000；Leahy，2002，2003，2006；Wells，2000；Davey & Wells，2006）。在基于正念的 CBT 方法中，忧虑是去中心和冥想的目标之一（Segal et al.，2002）。

本书治疗干预的核心是让读者能：

- 学习重获自我思绪的控制权；
- 学习务实地评估未来威胁；
- 学习辨识并对抗自发性思维；
- 学习辨识并对抗思维中的常见错误；
- 修正有关忧虑的错误信念；
- 学习使用其他方法来应对未来威胁；
- 学习应对不确定性；
- 学习面对你的负面思维而不是逃避；
- 学习使用转移注意力、放松、写作、想象力和幽默感作为应对机制。

此以减少忧虑为目的的治疗干预包含下列练习：

- 延迟忧虑；
- 肌肉放松；
- 写作练习；
- 观察特定的忧虑；
- 以正向形式忧虑；
- 冥想、正念练习；
- 与伙伴交流你的忧虑。

目录 Contents

致谢　/1

关于作者　/1

序　/1

本书使用提示　/1

用认知行为疗法处理忧虑　/1

第一部分　四周内掌控忧虑　/1

什么是忧虑？　/3

如何面对忧虑？　/5

在我们正式开始前　/6

第1周　/9

首先，你上周的忧虑有多严重呢？　/11

第1天　开始　/13

第2天　转移　/18

第3天　专注　/23

第 4 天　飘荡思绪　/28

第 5 天　倾诉　/32

第 6 天　放松　/36

第 7 天　我必须 = 我想要　/40

恭喜你，第 1 周结束了！你上周的忧虑有多严重呢？　/44

第 2 周　/47

第 8 天　写下忧虑　/49

第 9 天　前 3 件　/53

第 10 天　最乐观的未来　/59

第 11 天　最悲观的未来　/63

第 12 天　最可能的未来　/67

第 13 天　下一次　/71

第 14 天　捕捉思绪　/75

恭喜你，第 2 周结束了！你上周的忧虑有多严重呢？　/79

两周小结　/81

第 3 周　/83

第 15 天　写作练习　/85

第 16 天　"3 种情况"写作练习　/90

第 17 天　计数　/94

第 18 天　下一位，谢谢！　/100

第 19 天　等等再说 & 换个角度　/106

第 20 天　写作练习 2　/110

第 21 天　放松　/114

恭喜你，第 3 周结束了！你上周的忧虑有多严重呢？　/118

第 4 周　/121

第 22 天　3 栏练习　/123

第 23 天　做出决定　/129

第 24 天　预期　/134

第 25 天　捕捉思绪 2　/138

第 26 天　务实的方法　/142

第 27 天　自由选择　/147

第 28 天　正面的一天　/151

恭喜你，第 4 周结束了！你上周的忧虑有多严重呢？　/155

第一部分尾声　/157

第二部分　掌控忧虑进阶学习　/159

热门忧虑排行榜　/164

1. 我不够好　/164

2. 没有人喜欢我　/166

3. 我做不到　/168

4. 我会受不了　/170

5. 我很笨　/172

6. 我不知道自己要什么　/173

7. 我是失败者　/175

8. 我希望我不是快疯了　/176

9. 我为什么那么忧虑？　/177

10. 这什么时候才会结束？/179

11. 但我这个人就是这样 /180

12. 我必须停止这样想 /181

13. 这世界少了我会更美好 / 我对其他人来说是负担 /183

14. 人生不会好转 / 我没有未来 / 人生没有意义 /185

应对反复出现的自杀念头　/187

当忧虑成了夸大的隐喻　/192

忧虑是你的自我防卫与折磨　/194

最后几个技巧　/195

结论　/199

更多信息　/200

参考文献　/202

第一部分
四周内掌控忧虑

什么是忧虑？

"忧虑"是一种大家都至少体验过一次的现象。谁没有因为忧虑而辗转难眠过呢？你主要会忧虑比较棘手的事，像是考驾照、看牙医、工作问题、感情问题、朋友的批评等。你可能忧虑未来、忧虑过去，你更可能忧虑"你正在忧虑"的这个事实。

当然，思考如何避免麻烦、解决问题有其必要性，这些思绪也只有在失控时才会成为负担——当它们开始不请自来、在不合适的时间出现、无法停止的时候。忧虑通常无法解决问题，你终究将永无止境地原地打转，飘荡在忧虑的汪洋大海上。

此外，过度的忧虑常要人付出很大的代价，它不但耗时又伤神。过度忧虑未来通常伴随焦虑情绪，你会一再地自问："万一……怎么办？"你的肌肉会无意义地紧绷，长此以往弄得你疲惫又麻木。而过度忧虑过去则会引起抑郁和愤怒。陷于忧虑中的人通常明确地知道他们无法改变过去，却依然深陷负面回忆的泥淖，造成他们无法专注于学业、工作或家事。长期下来，你可能失眠，或累得一躺下就睡着，但几小时后又醒来……继续忧虑。半夜忧虑尤其麻烦，因为负面情绪在此时都被放大，你隔天还会因此越发疲倦。严重的情况下，你可能对任何事都兴致缺缺，拿来忧虑的时间就更多了。一旦陷入这个恶性循环，就很难突破困境。

所以，我们回到最初的问题："忧虑到底是什么？"忧虑绝对和思考不一样。忧虑是无止境地重复同样的想法。思考带你找到答案，忧虑带你原地打转；思考带你马上行动，忧虑让你原封不动——它顶多让你"准备要行动"，但通常就只会停滞在"准备"阶段了。思考让你获得解脱，忧虑使你失魂落魄；思考让你精力充沛，忧虑使你精疲力竭。

其实，不论个性如何，大多数人都忧虑过，但自然有些人天生无忧无虑，有些人习惯忧心忡忡。德文的"忧虑"是 Besorgnis 或 grübeln，光是发音就听起来不太舒服，而法文的"忧虑"就更一针见血了：torturer l'esprit，意思是"心灵的折磨"。不如，让我们采用法国人的观点，把忧虑视为一种自我折磨吧！

如何面对忧虑？

你是可以靠自己的力量来克服这些忧虑思绪的。本书会协助你减少忧虑，让你省下时间与精力去更有效率地解决问题。

本书的核心方法是让你用最短时间学会辨识忧虑并处理它们。处理的方式很多种，像是以其他思绪取代忧虑、转移注意力、放松、放空，或是任凭忧虑思绪在脑袋里自由打转。本书有许多经过临床验证的练习，按部就班地做就能慢慢学会如何正向地忧虑。最重要的是要拨出时间做练习，并且拿出耐心，因为要改掉忧虑的坏习惯并非一蹴而就。锻炼思绪诚如健身，需要恒心和毅力。使用本书最好的策略是：每天做一到多个练习，直到全部完成。接下来再继续做那些对你特别有效的练习。

你可以准备一本笔记本把忧虑记录下来、分析它们，并试着挑战你原本的思绪，去站在一个让你不那么焦虑或忧伤的角度。

因为大部分的忧虑都源自想象（比如你担忧着自己未来的命运），所以有必要学会怎么想得务实。本书会指导、训练你的想象力，比如说，不只想象最糟的状况，也想象最好的可能，进而折衷导向一个比较实际的方向。

最后，工欲善其事，必先利其器。你需要找一个好朋友，以及一个旧鞋盒或背包、一本笔记本、一支笔和一个定时器。同时也要弄个舒服的床垫，入睡不好很容易忧虑的！

在我们正式开始前

在开始本书的练习前，要牢记几件事：

1. 就算你生性容易忧虑，你还是可以通过练习来大幅减少它。
2. 想要一觉醒来就不再忧虑是不切实际的。
3. 想要做完这本书的所有练习后就永远不再忧虑也不太可能，这种过度的期待只会导致失望。
4. 如果你的目标是减少 50% 的忧虑，那就是可行的了。这很难说，搞不好比 50% 还多呢！
5. 如果你在 15 分钟的"忧虑时段"（我们之后会解释）内想不到任何烦心的事，可以回想昨天的忧虑。
6. 如果也想不到昨天的忧虑也没关系，换个练习做就好了，比如说换成放松练习。
7. 训练自己在固定的"忧虑时间"内专心忧虑。
8. 如果练习到了第二周，你发现自己忧虑得比第一周还多，不用担心！因为忧虑的频率和强度本来就会浮动，最好的方式就是用平常心接受它。
9. 记录每天忧虑的频率和强度是本书最强大的练习之一，它能够让你观察自己的进步。

10. 每天记录忧虑也能督促你每天做练习。

11. 如果真的遇上无法招架的状况，你无法不去忧虑，那可以破例一次，但不要太常这样。

12. 如果你发现自己有几次退步了，比前几天忧虑得更多，也不用担心，偶尔退步很自然。在这些时候你要更加紧地做练习，四周后你会发现自己整体上进步了。

13. 如果你不喜欢某些练习（觉得做起来不舒服或无效），那你可以把它们换成对你来说有效的练习，可以是本书里的，也可以是你自己听过、读过的。

14. 本书的练习是经过临床验证有效的，但对每个人成效不一。对有些人来说特别有效，对有些人还好，对有些人甚至没什么作用。至于你会是上述哪种人，只有你自己试过才知道。

15. 如果你因为出游、考试、家人病故等原因必须中断练习一周或是更久，也不必担心会前功尽弃。只要之后从暂停的地方继续做练习就好了，如果有必要也可以从头开始。

16. 人在忧虑的时候很严肃，为了降低忧虑的杀伤力，本书的练习会教你怎么用幽默的角度看待自己的思考模式。意思是说，有时候邀请你带着幽默感一起做练习吧！做练习不用一直很正经啊。

17. 不要忘了告诉你的知心亲友你正在努力克服忧虑，他们会很乐意支持你的！

第1周

首先，你上周的忧虑有多严重呢？

回想你上周的状况，圈选下表中最符合的描述。

		没有	很少	少	有时	经常	大多数时候	一直
1	如果我没有足够时间来完成所有事情，我并不因此忧虑	6	5	4	3	2	1	0
2	我的忧虑让我受不了	0	1	2	3	4	5	6
3	我不太担心事情	6	5	4	3	2	1	0
4	有很多让我忧虑的状况	0	1	2	3	4	5	6
5	我知道我不该忧虑，但我无法控制	0	1	2	3	4	5	6
6	当我有压力时，我很忧虑	0	1	2	3	4	5	6
7	总是有让我感到忧虑的事情	0	1	2	3	4	5	6
8	我觉得除去忧虑的思绪很容易	6	5	4	3	2	1	0
9	当我一完成某件事，我就开始担忧其他还没完成的事	0	1	2	3	4	5	6

续表

		没有	很少	少	有时	经常	大多数时候	一直
10	我完全没有忧虑任何事情	6	5	4	3	2	1	0
11	当我对一件事已经无能为力时，我就将它完全放下了	6	5	4	3	2	1	0
12	我发现自己在为一些事情担忧	0	1	2	3	4	5	6
13	我一旦开始忧虑就很难停下来	0	1	2	3	4	5	6
14	我一直在忧虑	0	1	2	3	4	5	6
15	我会一直担忧某个项目直到它完成为止	0	1	2	3	4	5	6
总和								

我上周的忧虑总分：

第 1 天

开始

从现在起,你将不再花整天的时间忧虑。你每天只设定两个固定的"忧虑时段"来做本书的练习,一个在早上或下午,另一个在晚上。

忧虑时段 1:控制忧虑

早上/下午

首先,我们要让忧虑尽可能地不吸引人。所以你不能再窝在温暖的被窝里或舒适的沙发上,你要坐到桌边的工作椅上忧虑。在这些时段里,别等忧虑来袭,你要有意识地主动寻找它们。若你没那么多忧虑也别担心,只要在这些时段里尽可能地发挥就对了。

1. 填写你选择的固定忧虑时段
忧虑时段 1:

忧虑时段 2：

2. 选个你不会被打扰的地方。如果有必要的话，锁上门吧！

3. 在这个时段里，你要尽可能地忧虑。一旦时段结束，就停下来，去做其他事。如果时间到了你还没忧虑完，就给自己一个任务：在晚上的忧虑时段继续。

时段之间

万一在下个忧虑时段前，你忍不住忧虑了怎么办？你可以大声拍手对自己说："等一下！"等到下个忧虑时段再去想它。

忧虑时段 2：正向忧虑 1

晚上

我们忧虑时的负面想法和感觉并不具任何意义。你既然会忧虑，那你是不是也该想想开心的事？现在，让我们把负面的想法和感觉替换成正面的回忆。

1. 就跟上一个忧虑时段一样，开始尽量去担忧。但只要 5 分钟就好。

2. 剩下的 10 分钟拿来想一段美好的回忆。

首先，让自己处于一个放松的姿势，闭上眼睛，深呼吸几下。现在，走进一个快乐的回忆里，尽可能地回想所有细节。环顾四周，你看到什么颜色？听见什么声音？闻到什么气味？有谁在那里？他们在说什么？在这个回忆里停留10分钟。

我们称这个练习为"正向忧虑1"，往后我们会经常做这个练习：只要好好地沉浸在一段美好的回忆里就是了。

第1天　记录

1. 勾选你今天忧虑的主题（可多选）。

事业/学业	金钱	健康	爱情	亲友	别人对我的想法	其他

2. 你今天总共忧虑了多久？

0—30分钟	30—60分钟	1—2小时	2—3小时	3—4小时	4—5小时	>5小时

3. 你今天花了多少力气来停止忧虑？

毫不费力	小菜一碟	一些力气	很多力气	竭尽全力

4. 你昨晚睡得如何？

	完全符合	符合	还好	不符合	完全不符合
很难睡着	1	2	3	4	5
睡眠中断	1	2	3	4	5
太早醒来	1	2	3	4	5

5. 今天有发生让你开始忧虑的事吗?用关键词记下发生了什么事。

_____

_____

_____

_____

_____

第 2 天
转移

忧虑时段 1：转移注意力

早上 / 下午

做些事情来转移注意力可以打破忧虑的恶性循环。忧虑会让你变得被动，所以最好的解决方法就是和他人互动或者让自己主动、忙碌起来。

1. 开始忧虑 10 分钟，尽你所能地忧虑。
2. 你应该有一旦开始忧虑就欲罢不能的经验吧？脱离这个窘境的其中一个方法是转移你的注意力，最好能与他人互动。今天就来想想你能做些什么事来转移注意力，然后把这些用表列到你的笔记本里，如：

　　——跟同事聊天、打电话给朋友
　　——跟朋友一起去运动，像是骑单车、散步
　　——洗个澡，把忧虑都冲走

——读本好书，沉浸在另一个世界里

时段之间

如果在晚上的忧虑时段前你开始忧虑了，就在你列的表中选件事做，来转移你的注意力。

忧虑时段 2：正向忧虑 2

晚上

你或许经常执着在自己的缺点上，使得自己心神不宁，然后往往就开始……对，忧虑！你其实有很多优点，我们要来正视、强调这些优点。

1. 开始忧虑 5 分钟。
2. 接着进入"正向忧虑 2"的练习。

闭上眼睛，想一个你擅长的事情或是你引以为傲的特质。这可以是任何事情，像是你曾经为自己或某人挺身而出；你是个好伴侣、父母、同事、朋友；你很会做菜、写作、跳舞；你很幽默、聪明等。然后，就对自己说："我擅长……"你要让自己沉浸在这个正向的感觉里，所以再说一次："我擅长……"再说个 20 次，让自己骄傲 5 分钟吧！

今晚入眠

你晚上会因为忧虑而无法入眠？你可以在睡前喝杯温牛奶、阅读、听音乐,也可以穿得暖些。然后做正向忧虑的练习,回想一段美好的时光或一件你擅长的事情。

第 2 天　记录

1. 勾选你今天忧虑的主题（可多选）。

事业/学业	金钱	健康	爱情	亲友	别人对我的想法	其他

2. 你今天总共忧虑了多久？

0—30 分钟	30—60 分钟	1—2 小时	2—3 小时	3—4 小时	4—5 小时	>5 小时

3. 你今天花了多少力气来停止忧虑？

毫不费力	小菜一碟	一些力气	很多力气	竭尽全力

4. 你昨晚睡得如何？

	完全符合	符合	还好	不符合	完全不符合
很难睡着	1	2	3	4	5
睡眠中断	1	2	3	4	5
太早醒来	1	2	3	4	5

5. 今天有发生让你开始忧虑的事吗？用关键词记下发生了什么事。

_____
_____
_____
_____
_____

第 3 天

专注

忧虑时段 1：专注呼吸

早上 / 下午

这个练习的目标是学会用最高度的专注来呼吸。

首先，坐到餐桌旁的椅子上，设定闹钟倒数 10 分钟，然后让自己完全地放松。观察自己所有的动作——你的脚有在动吗？你的坐姿如何？你的下巴放松了吗？肩膀呢？这个练习看似简单，但它需要非常高度的专注。现在，我们来数你的呼吸，一、二、三……，注意你呼吸的深度，还有吸气与呼气的转换。

这个练习的重点是要有意识地呼吸：感受每一次吸气，身体就大一点；每一次呼气，身体就小一点。如果有思绪或感觉闯入你的脑海让你分心，也别因此责备自己。只要意识到它们的存在，然后放下它们，继续专注在你的呼吸。以 10 次呼吸为一个循环，重复做直到闹钟响起。10 分钟结束后，试着把忧虑都延到下一个忧虑时段去。

时段之间

在这期间如果忧虑出现,可以做"转移注意力""正向忧虑 1"(回想美好时光)或"正向忧虑 2"(想自己的优点)的练习。

忧虑时段 2:慢动作专注

晚上

> 这个练习会让你发现:全然的专注可以是件多么放松的事情。

在这次的忧虑时段里,你将全神贯注地以慢动作完成一项任务,比如散步。你若可以自在走动、外面天气也还好,那就去散步 15 分钟吧!如果你习惯跑步,那这次就以一半的速度来跑。注意你的动作和身体状态——你的肩膀是放松的吗?下巴呢?观察你的脚是怎么接触地面的。你也可以观察四周环境——你看到什么?有树、云或动物吗?有什么样的建筑、什么样的人?你听到什么声音呢?

如果在这个过程当中,有不请自来的思绪,"看"它们一眼后就让它们离开,不用与它们互动。除了散步,你也可以执行其他任务,像是打扫、洗澡、骑单车……最重要的是要全神贯注地以平时一半的速度,精准地完成任务。

今晚入眠

如果你因为忧虑而辗转反侧,可以试着用转移注意力、正向忧虑 1 和正向忧虑 2 的练习,将忧虑延迟到下一个忧虑时段。

第 3 天　记录

1. 勾选你今天忧虑的主题（可多选）。

事业/学业	金钱	健康	爱情	亲友	别人对我的想法	其他

2. 你今天总共忧虑了多久？

0—30分钟	30—60分钟	1—2小时	2—3小时	3—4小时	4—5小时	>5小时

3. 你今天花了多少力气来停止忧虑？

毫不费力	小菜一碟	一些力气	很多力气	竭尽全力

4. 你昨晚睡得如何？

	完全符合	符合	还好	不符合	完全不符合
很难睡着	1	2	3	4	5
睡眠中断	1	2	3	4	5
太早醒来	1	2	3	4	5

5. 今天有发生让你开始忧虑的事吗？用关键词记下发生了什么事。

_____

_____

_____

_____

_____

第 4 天
飘荡思绪

忧虑时段 1：飘荡思绪

早上 / 下午

在这个练习里，你将学会如何将自己和思绪分开，保持距离，并以不同的心态看待它们。

1. 开始忧虑 10 分钟。
2. 现在集中精神，让我们开始"飘荡思绪"的练习。

如果有一缕思绪偶然飘来，不用抵抗它，思绪就只是思绪而已。接纳所有飘进你脑中的思绪，把它们全都放到轻软软的云朵里。专注在你的呼吸上，让这些载满你思绪的云朵在你脑中静静地飘荡、慢慢地旋转……从左而右、从前而后、又回到原点。然后轻轻地呼气，把云朵吹散。

让思绪如浮云般轻轻地来，稍作飘荡停留，又悄悄地走——这就是我们所谓的"飘荡思绪"。

时段之间

如果你开始忧虑,大声拍手对自己说:"等一下!"等到下个忧虑时段再去想它;或是做"正向忧虑"的练习。

忧虑时段 2:继续飘荡思绪

晚上

1. 开始忧虑 5 分钟。
2. 我们要进一步做这个练习。首先,让自己心无旁骛,把迎面而来的思绪都放到云里。

现在想:其实这些思绪都只是思绪而已,不是现实。思绪本无优劣好坏,你不需要去想这些思绪,也不需要去专注在它们上面,你可以让它们就只是某些思绪而已,可以就这样随云飘散。你不需要完成它们,更无需控制它们。

这个练习也叫"飘荡思绪"。做这个练习 5 分钟。

今晚入眠

在床底下准备一个鞋盒(或背包),每次醒来有忧虑就把它(们)用想象力(或写下来)放到鞋盒里收好,隔天忧虑时段再拿出来。

第4天 记录

1. 勾选你今天忧虑的主题(可多选)。

事业/学业	金钱	健康	爱情	亲友	别人对我的想法	其他

2. 你今天总共忧虑了多久?

0—30分钟	30—60分钟	1—2小时	2—3小时	3—4小时	4—5小时	>5小时

3. 你今天花了多少力气来停止忧虑?

毫不费力	小菜一碟	一些力气	很多力气	竭尽全力

4. 你昨晚睡得如何?

	完全符合	符合	还好	不符合	完全不符合
很难睡着	1	2	3	4	5
睡眠中断	1	2	3	4	5
太早醒来	1	2	3	4	5

5. 今天有发生让你开始忧虑的事吗？用关键词记下发生了什么事。

_____

_____

_____

_____

_____

第 5 天

倾诉

忧虑时段 1：倾诉忧虑

早上 / 下午

忧虑一旦入侵便难以驱逐，同样的想法会在你脑中不停打转，让事情看起来比实际上更糟。但你可以透过倾诉与分享来脱离这个窘境。虽然这无法让忧虑消失，但可以减轻它们造成的负担。

1. 开始忧虑 10 分钟。
2. 接下来，你需要一个听你倾诉忧虑的朋友或家人，我们暂且称呼他为 X。

今天，你要打电话给 X，或直接登门拜访他，问他有没有时间听你说话。然后你要倾诉你的忧虑，即便它们听起来微不足道，大声说出来就是了，比如："我很担心我的工作。"当你倾诉忧虑时，请 X 倾听就好，不用提供建议或解决方案，因为你只是要表达你的忧虑，没有要解决它们。这个练习就叫作"倾诉忧虑"。

时段之间

完成忧虑时段 1 的练习,联络 X。

忧虑时段 2:倾诉忧虑想象

晚上

　　这个方法在没有适合的人听你倾诉忧虑时很好用,操作策略和早上的练习一样。

1. 开始忧虑 5 分钟。
2. 今天你有找到一个人倾诉你的忧虑吗?在接下来的练习里,你要再做一次,只是这次是在想象之中。想象 X 坐在你面前,然后再说一次你的忧虑。忧虑可以是早上说过的或没说过的,都没关系。

今晚入眠

更衣准备睡觉时,把衣服想象成你穿在身上的忧虑,当你一件一件脱去你的衣服时,也一件一件脱去你的忧虑。

第5天　记录

1. 勾选你今天忧虑的主题（可多选）。

事业/学业	金钱	健康	爱情	亲友	别人对我的想法	其他

2. 你今天总共忧虑了多久？

0—30分钟	30—60分钟	1—2小时	2—3小时	3—4小时	4—5小时	>5小时

3. 你今天花了多少力气来停止忧虑？

毫不费力	小菜一碟	一些力气	很多力气	竭尽全力

4. 你昨晚睡得如何？

	完全符合	符合	还好	不符合	完全不符合
很难睡着	1	2	3	4	5
睡眠中断	1	2	3	4	5
太早醒来	1	2	3	4	5

5. 今天有发生让你开始忧虑的事吗？用关键词记下发生了什么事。

_____
_____
_____
_____
_____

第 6 天

放松

忧虑时段 1：肌肉放松（手臂）

早上 / 下午

　　成天忧虑使得你精神紧张、身体紧绷，所以我们今天要做放松练习来舒缓这些不适。

1. 开始忧虑 10 分钟。
2. 现在开始放松练习。

　　从你的惯用手开始。把你的手肘放到椅子扶手上，握紧拳头，前臂和上臂的肌肉用力。但可不要用力过度，以免抽筋！用力 6 秒，然后对自己说："放松。"接着放松你的肌肉，让它们休息 10 秒。

　　现在换另一只手臂。一样，肌肉用力 6 秒，然后对自己说："放松。"接着让你的肌肉休息 10 秒。

　　两只手交替做这个练习 5 分钟。

时段之间

做"倾诉忧虑想象""飘荡思绪"的练习,或做转移你注意力的事。

忧虑时段 2:肌肉放松(腿部)

晚上

1. 开始忧虑 5 分钟。
2. 在椅子上坐直,抬起你的右腿。将腿伸直,脚掌往脚背弯曲,脚趾朝向你自己。持续 6 秒后跟自己说:"放松。"然后把脚放下。同样的动作换左腿。两条腿各做 5 次。

今晚入眠

在床上做这个放松练习,也可以做"飘荡思绪"或"正向忧虑"的练习。

第6天　记录

1. 勾选你今天忧虑的主题（可多选）。

事业/学业	金钱	健康	爱情	亲友	别人对我的想法	其他

2. 你今天总共忧虑了多久？

0—30分钟	30—60分钟	1—2小时	2—3小时	3—4小时	4—5小时	>5小时

3. 你今天花了多少力气来停止忧虑？

毫不费力	小菜一碟	一些力气	很多力气	竭尽全力

4. 你昨晚睡得如何？

	完全符合	符合	还好	不符合	完全不符合
很难睡着	1	2	3	4	5
睡眠中断	1	2	3	4	5
太早醒来	1	2	3	4	5

5. 今天有发生让你开始忧虑的事吗？用关键词记下发生了什么事。

_____

_____

_____

_____

_____

第 7 天

我必须 = 我想要

忧虑时段 1：我必须 = 我想要

早上 / 下午

1. 开始忧虑 5 分钟。
2. 当你数着今天想要做的事时，是否常对自己说："我还需要做……，然后我必须做……"？这些你强加给自己的义务就够你头疼的了！所以，想想你今天的行程，然后告诉自己："我不需要做这些事，但是我想要做它们。"我们接下来的练习是：你每一次用到"我必须"或"我应该"的时候，要马上把它换成"我想要"。比如说，把"我必须去健身房"改成"不，我不需要去健身房，但是我想要去，因为我想要更苗条、更健康。"

时段之间

试着把忧虑延到下一个忧虑时段，你可以做"转移注意力"或"放松"练习。

忧虑时段 2：腹式呼吸

晚上

腹式呼吸是个一石二鸟的练习，不但可以舒缓忧虑造成的紧张，更可以移转你的注意力。

1. 开始忧虑 10 分钟。
2. 专注在呼吸上是放松的好方法。接下来的练习会教你如何通过呼吸来放松。

首先，找张沙发或床坐下或躺下，让自己尽可能地舒适。然后，把一只手放在肚子上，你也可以闭上眼睛。接着，用鼻子深深吸气，感受空气的流入，你腹部的隆起。吸满了也不要憋气，轻轻地从嘴巴呼气。试着把呼气的时间拉得比吸气的时间更长些。

重点是要放松地、安静地呼吸。这个练习做 5 分钟就好。

今晚入眠

如果你因为紧张或忧虑辗转反侧，试着延迟忧虑到下个忧虑时段。可以做"转移注意力""正向忧虑"的练习。

第7天　记录

1. 勾选你今天忧虑的主题（可多选）。

事业/学业	金钱	健康	爱情	亲友	别人对我的想法	其他

2. 你今天总共忧虑了多久？

0—30分钟	30—60分钟	1—2小时	2—3小时	3—4小时	4—5小时	>5小时

3. 你今天花了多少力气来停止忧虑？

毫不费力	小菜一碟	一些力气	很多力气	竭尽全力

4. 你昨晚睡得如何？

	完全符合	符合	还好	不符合	完全不符合
很难睡着	1	2	3	4	5
睡眠中断	1	2	3	4	5
太早醒来	1	2	3	4	5

5. 今天有发生让你开始忧虑的事吗?用关键词记下发生了什么事。

_____
_____
_____
_____
_____

恭喜你,第1周结束了!
你上周的忧虑有多严重呢?

回想你上周的状况,圈选下表中最符合的描述。

		没有	很少	少	有时	经常	大多数时候	一直
1	如果我没有足够时间来完成所有事情,我并不因此忧虑	6	5	4	3	2	1	0
2	我的忧虑让我受不了	0	1	2	3	4	5	6
3	我不太担心事情	6	5	4	3	2	1	0
4	有很多让我忧虑的状况	0	1	2	3	4	5	6
5	我知道我不该忧虑,但我无法控制	0	1	2	3	4	5	6
6	当我有压力时,我很忧虑	0	1	2	3	4	5	6
7	总是有让我感到忧虑的事情	0	1	2	3	4	5	6
8	我觉得除去忧虑的思绪很容易	6	5	4	3	2	1	0

续表

		没有	很少	少	有时	经常	大多数时候	一直
9	当我一完成某件事，我就开始担忧其他还没完成的事	0	1	2	3	4	5	6
10	我完全没有忧虑任何事情	6	5	4	3	2	1	0
11	当我对一件事已经无能为力时，我就将它完全放下了	6	5	4	3	2	1	0
12	我发现自己在为一些事情担忧	0	1	2	3	4	5	6
13	我一旦开始忧虑就很难停下来	0	1	2	3	4	5	6
14	我一直在忧虑	0	1	2	3	4	5	6
15	我会一直担忧某个项目直到它完成为止	0	1	2	3	4	5	6
总和								

我第1周的忧虑总分：

第 2 周

第 8 天
写下忧虑

忧虑时段 1：写下忧虑

早上 / 下午

1. 开始忧虑 5 分钟。
2. 拿出你的笔记本，花 10 分钟写下你的忧虑。比如："我怕我去聚会的时候大家会不喜欢我。"

时段之间

只要一开始忧虑，就用关键词记到笔记本里，然后延迟到下一个忧虑时段再想它们。

忧虑时段 2：正向忧虑 1

晚上

1. 开始忧虑 5 分钟。

2. 接下来的 5 分钟，我们要拿来想一段美好的回忆。拿出你的笔记本，因为这次要把它写下来。

首先，让自己处于一个放松的姿势，闭上眼睛，深呼吸几下。现在，走进一个快乐的回忆里，尽可能地回想所有细节。环顾四周，你看到什么颜色？听见什么声音？闻到什么气味？有谁在那里？他们在说什么？在这个回忆里停留 5 分钟。

现在，把这段回忆写下来。

今晚入眠

如果因为忧虑而睡不着，别忘了你可以把忧虑放到床底下的鞋盒（或背包）里面，到明天的忧虑时段再拿出来。

第8天　记录

1. 勾选你今天忧虑的主题（可多选）。

事业/学业	金钱	健康	爱情	亲友	别人对我的想法	其他

2. 你今天总共忧虑了多久？

0—30分钟	30—60分钟	1—2小时	2—3小时	3—4小时	4—5小时	>5小时

3. 你今天花了多少力气来停止忧虑？

毫不费力	小菜一碟	一些力气	很多力气	竭尽全力

4. 你昨晚睡得如何？

	完全符合	符合	还好	不符合	完全不符合
很难睡着	1	2	3	4	5
睡眠中断	1	2	3	4	5
太早醒来	1	2	3	4	5

5. 今天有发生让你开始忧虑的事吗？用关键词记下发生了什么事。

_____
_____
_____
_____
_____

第 9 天
前 3 件

忧虑时段 1：前 3 件

早上 / 下午

1. 开始忧虑 10 分钟。
2. 现在，想你最常忧虑的事，找出前 3 件写在下一页。

时段之间

试着延迟忧虑到下一个忧虑时段。你可以做"转移注意力"或其他我们教过的练习。

忧虑时段 2：正向忧虑 2

晚上

1. 开始忧虑 5 分钟。
2. 现在闭上眼睛,想一个你擅长的事情或是你引以为傲的特质。这可以是任何事情,像是你曾经为自己或某人挺身而出;你是个好伴侣、父母、同事、朋友;你很会做菜、写作、跳舞;你很幽默、聪明等。然后,就对自己说:"我擅长……"你要让自己沉浸在这个正向的感觉里,所以再说一次:"我擅长……"再说个 20 次,让自己骄傲 5 分钟吧!

如果你发现自己有时无法很专心地忧虑也别担心,一如既往地继续做练习就是了。在下一个忧虑时段继续练习,尽可能地忧虑。

今晚入眠

在床上做"放松"练习。

我最担忧的 3 件事

第 1 件 _____

第 2 件 _____

第 3 件 _____

第 9 天　记录

1. 勾选你今天忧虑的主题（可多选）。

事业/学业	金钱	健康	爱情	亲友	别人对我的想法	其他

2. 你今天总共忧虑了多久？

0—30分钟	30—60分钟	1—2小时	2—3小时	3—4小时	4—5小时	>5小时

3. 你今天花了多少力气来停止忧虑？

毫不费力	小菜一碟	一些力气	很多力气	竭尽全力

4. 你昨晚睡得如何？

	完全符合	符合	还好	不符合	完全不符合
很难睡着	1	2	3	4	5
睡眠中断	1	2	3	4	5
太早醒来	1	2	3	4	5

5. 今天有发生让你开始忧虑的事吗？用关键词记下发生了什么事。

_____
_____
_____
_____
_____

第 10 天
最乐观的未来

忧虑时段 1：最乐观的未来

早上 / 下午

1. 开始忧虑 10 分钟。
2. 现在，回顾你主要的忧虑，想象它们最乐观的可能，并将它们在你脑中像电影一样播放。运用想象力，让自己身临其境，然后写下来。在这个乐观未来里，事情可以很夸张，甚至奇怪也没有关系。

比如："明天在聚会大家会赞美我的衣着品味，说我令人惊艳。每个人都想与我攀谈，觉得我耐人寻味。我会觉得非常自信与自在，气氛会十分完美。"

时段之间

如果你忧虑了，可以大声拍手对自己说："等一下！"等到下个忧虑时段再去想它。

忧虑时段 2：自由练习

晚上

自选一个目前对你最有效的练习。

今晚入眠

更衣准备睡觉时，把衣服想象成你穿在身上的忧虑，当你一件一件脱去你的衣服时，也一件一件脱去你的忧虑。你可以等明天再把这些忧虑穿上。

第 10 天　记录

1. 勾选你今天忧虑的主题（可多选）。

事业/学业	金钱	健康	爱情	亲友	别人对我的想法	其他

2. 你今天总共忧虑了多久？

0—30分钟	30—60分钟	1—2小时	2—3小时	3—4小时	4—5小时	>5 小时

3. 你今天花了多少力气来停止忧虑？

毫不费力	小菜一碟	一些力气	很多力气	竭尽全力

4. 你昨晚睡得如何？

	完全符合	符合	还好	不符合	完全不符合
很难睡着	1	2	3	4	5
睡眠中断	1	2	3	4	5
太早醒来	1	2	3	4	5

5. 今天有发生让你开始忧虑的事吗？用关键词记下发生了什么事。

_____
_____
_____
_____
_____

第 11 天

最悲观的未来

忧虑时段 1：最悲观的未来

早上 / 下午

1. 开始忧虑 10 分钟。
2. 这个练习跟昨天的一样，只是这次你要想象最悲观的情况。把纸笔拿出来，巨细靡遗地记下可能的细节。最糟的情况下会发生什么事？可以夸张点没关系。比如："我去聚会，大家一看到我就讨厌，觉得我根本是个笑话。没有人想跟我说话，他们都把我当成空气。我只要一开口就会被嘲弄或鄙视，或被在背后嘲笑。"

时段之间

尽量将忧虑延迟到下个忧虑时段。你可以做"转移注意力"或"飘荡思绪"的练习。

忧虑时段 2：飘荡思绪

晚上

1. 开始忧虑 5 分钟。
2. 首先，让自己心无旁骛，如果有一缕思绪偶然飘来，不用抵抗它，思绪就只是思绪而已。接纳所有飘进你脑中的思绪，把它们全都放到轻软软的云朵里。专注在你的呼吸，让这些载满你思绪的云朵在你脑中静静地飘荡、慢慢地旋转……从左而右、从前而后、又回到原点。然后轻轻地呼气，把云朵吹散。让思绪如云般轻轻地来，稍作飘荡停留，又悄悄地走。

今晚入眠

你晚上会因为忧虑而无法入眠？你可以在睡前喝杯温牛奶、阅读、听音乐，也可以穿得暖些，这些活动都可以转移你的注意力。

第 11 天　记录

1. 勾选你今天忧虑的主题（可多选）。

事业/学业	金钱	健康	爱情	亲友	别人对我的想法	其他

2. 你今天总共忧虑了多久？

0—30分钟	30—60分钟	1—2小时	2—3小时	3—4小时	4—5小时	>5小时

3. 你今天花了多少力气来停止忧虑？

毫不费力	小菜一碟	一些力气	很多力气	竭尽全力

4. 你昨晚睡得如何？

	完全符合	符合	还好	不符合	完全不符合
很难睡着	1	2	3	4	5
睡眠中断	1	2	3	4	5
太早醒来	1	2	3	4	5

5. 今天有发生让你开始忧虑的事吗？用关键词记下发生了什么事。

_____
_____
_____
_____
_____

第 12 天
最可能的未来

忧虑时段 1：最可能的未来

早上 / 下午

你对未来的想象务实吗？还是笼罩着过度悲观的想法和感受？这个练习会教你用更实在的角度看待未来。

1. 开始忧虑 10 分钟。
2. 我们要更进一步地探讨你对未来的期待。

在过去几天里，你写下了未来最乐观和最悲观的可能，但除了抱持这两种期待之外，你还可以想象一种介于两者之间的可能，而这或许就是最务实的未来。把这个最可能的未来写下来。

时段之间

试着延迟忧虑到下一个忧虑时段。你可以做"转移注意力"

或其他我们教过的练习。

忧虑时段 2：飘荡思绪

晚上

1. 开始忧虑 5 分钟。
2. 让思绪涌入你脑海吧！这些思绪都不是现实，也不分优劣好坏，你不需要去想这些思绪，也不需要专注在它们上面，你可以让它们就只是思绪而已，可以就这样随云飘散。你不需要实现它们，更无需控制它们，只要放到一片片小云里就好了。

今晚入眠

如果你因为紧张或忧虑辗转反侧，试着延迟忧虑到下个忧虑时段。可以做"我必须＝我想要"的练习。

第 12 天　记录

1. 勾选你今天忧虑的主题（可多选）。

事业/学业	金钱	健康	爱情	亲友	别人对我的想法	其他

2. 你今天总共忧虑了多久？

0—30分钟	30—60分钟	1—2小时	2—3小时	3—4小时	4—5小时	>5小时

3. 你今天花了多少力气来停止忧虑？

毫不费力	小菜一碟	一些力气	很多力气	竭尽全力

4. 你昨晚睡得如何？

	完全符合	符合	还好	不符合	完全不符合
很难睡着	1	2	3	4	5
睡眠中断	1	2	3	4	5
太早醒来	1	2	3	4	5

5. 今天有发生让你开始忧虑的事吗？用关键词记下发生了什么事。

_____

_____

_____

_____

_____

第 13 天

下一次

忧虑时段 1：下一次

早上 / 下午

我们常常浪费时间和精力徘徊在过去，自责没有把事情处理得更好。所以，在这个练习里，你要想想下一次要怎么做你才不会那么忧虑。与其执着于已经发生的事情，不如想个有建设性的解决办法。

1. 开始忧虑 5 分钟。
2. 接下来，我们要来处理让你后悔的选择。

回想一下，有没有过去的一个决定，让你常自问"为什么？"像是："为什么我拒绝了？""为什么我说好？"而这些"为什么"让你精疲力竭。有吗？拿出纸笔，写下你下一次会怎么做。

时段之间

只要一开始忧虑,就用关键词记到笔记本里,然后延迟到下一个忧虑时段再想它们。

忧虑时段 2:腹式呼吸

晚上

1. 开始忧虑 10 分钟。
2. 专注在呼吸上是放松的好方法。接下来的练习会教你如何通过呼吸来放松。

首先,找张沙发或床坐下或躺下,让自己尽可能地舒适。然后,把一只手放在肚子上,你也可以闭上眼睛。接着,用鼻子深深吸气,感受空气的流入,你腹部的隆起。吸满了也不要憋气,轻轻地从嘴巴呼气。试着把呼气的时间拉得比吸气的时间更长些。

重点是要放松地、安静地呼吸。这个练习做 5 分钟就好。

今晚入眠

再做一次腹式呼吸的练习。

第 13 天 记录

1. 勾选你今天忧虑的主题（可多选）。

事业/学业	金钱	健康	爱情	亲友	别人对我的想法	其他

2. 你今天总共忧虑了多久？

0—30分钟	30—60分钟	1—2小时	2—3小时	3—4小时	4—5小时	>5小时

3. 你今天花了多少力气来停止忧虑？

毫不费力	小菜一碟	一些力气	很多力气	竭尽全力

4. 你昨晚睡得如何？

	完全符合	符合	还好	不符合	完全不符合
很难睡着	1	2	3	4	5
睡眠中断	1	2	3	4	5
太早醒来	1	2	3	4	5

5. 今天有发生让你开始忧虑的事吗？用关键词记下发生了什么事。

_____
_____
_____
_____
_____

第 14 天
捕捉思绪

忧虑时段 1：抓老鼠

早上 / 下午

试着放松，想象你是一只正在抓老鼠的猫。你正趴在老鼠洞旁的墙角等待，等着任何一只老鼠探出头，你就要扑上去。你，就是这只猫。

现在，把老鼠想象成你的忧虑——只要有一只探头，你就要扑上去用你的脚掌抓住它。你可以决定抓到它们之后要怎么处理。

通过这个练习，你会对忧虑更加警觉。只要一有忧虑窜出，你就扑上去抓住它的后颈，在不伤害它的情况下把它捉回来。你可以把它关到箱子里，然后再去抓下一只。

时段之间

做其中一个"飘荡思绪"的练习。让思绪飘走，然后告诉自己:"我不必做这件事,但我想要做这件事!"

忧虑时段 2:肌肉放松(手臂)

晚上

1. 开始忧虑 5 分钟。
2. 现在我们要做些"放松"练习。

把你的手肘放到椅子扶手上,握紧拳头,前臂和上臂的肌肉用力。但可不要用力过度,以免抽筋。用力 6 秒,然后对自己说:"放松。"接着放松你的肌肉,让它们休息 10 秒。

现在换另一只手臂。一样,肌肉用力 6 秒,然后对自己说:"放松。"接着让你的肌肉休息 10 秒。

两只手交替做这个练习 5 分钟。

今晚入眠

在床上做这个"放松"练习。

第 14 天　记录

1. 勾选你今天忧虑的主题（可多选）。

事业/学业	金钱	健康	爱情	亲友	别人对我的想法	其他

2. 你今天总共忧虑了多久？

0—30分钟	30—60分钟	1—2小时	2—3小时	3—4小时	4—5小时	>5小时

3. 你今天花了多少力气来停止忧虑？

毫不费力	小菜一碟	一些力气	很多力气	竭尽全力

4. 你昨晚睡得如何？

	完全符合	符合	还好	不符合	完全不符合
很难睡着	1	2	3	4	5
睡眠中断	1	2	3	4	5
太早醒来	1	2	3	4	5

5. 今天有发生让你开始忧虑的事吗？用关键词记下发生了什么事。

_____

_____

_____

_____

_____

恭喜你，第 2 周结束了！
你上周的忧虑有多严重呢？

回想你上周的状况，圈选下表中最符合的描述。

		没有	很少	少	有时	经常	大多数时候	一直
1	如果我没有足够时间来完成所有事情，我并不因此忧虑	6	5	4	3	2	1	0
2	我的忧虑让我受不了	0	1	2	3	4	5	6
3	我不太担心事情	6	5	4	3	2	1	0
4	有很多让我忧虑的状况	0	1	2	3	4	5	6
5	我知道我不该忧虑，但我无法控制	0	1	2	3	4	5	6
6	当我有压力时，我很忧虑	0	1	2	3	4	5	6
7	总是有让我感到忧虑的事情	0	1	2	3	4	5	6
8	我觉得除去忧虑的思绪很容易	6	5	4	3	2	1	0

续表

		没有	很少	少	有时	经常	大多数时候	一直
9	当我一完成某件事，我就开始担忧其他还没完成的事	0	1	2	3	4	5	6
10	我完全没有忧虑任何事情	6	5	4	3	2	1	0
11	当我对一件事已经无能为力时，我就将它完全放下了	6	5	4	3	2	1	0
12	我发现自己在为一些事情担忧	0	1	2	3	4	5	6
13	我一旦开始忧虑就很难停下来	0	1	2	3	4	5	6
14	我一直在忧虑	0	1	2	3	4	5	6
15	我会一直担忧某个项目直到它完成为止	0	1	2	3	4	5	6
总和								

我第 2 周的忧虑总分：

两周小结

其实，忧虑是我们在面对威胁时的一种反应。动物在面对威胁时，一是对抗，二是逃亡。但忧虑两者都不是，只是困于现况，反复咀嚼所有的选项。不做任何决定，更没有解决方案。没有对抗，也没有逃亡，只有不停地原地打转。

延迟忧虑

学会"延迟忧虑"非常重要，不然你会很容易就放任自己陷进忧虑中，放弃了原有的注意和专注。如果你将忧虑集中在忧虑时段，就可以利用剩下的时间找寻解决方案。

写下忧虑

在接下来的两周，我们将把焦点转移到你的思考习惯上，利用写作练习来处理你的忧虑。不必担心你不会写作，因为内容不是重点，错字、用词、语法也不重要，你只需要想象力，随意写就对了。毕竟，忧虑就是这样"想象"出来的——忧虑不过是对未来的负面想象。既然如此，你不也可以想象未来将是多么美好？我们将利用实际的、正面的想象替代负面的想象。

　　最后，亲爱的你，在忧虑些什么呢？你可能正担忧未来，想象着事情的可能走向，思考着怎么抉择对你最有帮助；你也可能正徘徊过去，希望事情不是那样发生的，希望你当初不是那样选择的。在混沌中，你犹豫着进退两难的决定，彷徨着毫无头绪的疑问。

　　但，忧虑又能成就什么呢？恐怕只会让你更紧张、更彷徨、更加地无所适从。或许忧虑少一些，会对你比较有帮助呢。

第3周

第 15 天

写作练习

忧虑时段 1：尽量忧虑

早上 / 下午

我们都非常熟悉焦虑、忧虑的感觉。你可以用写作的方式整理忧虑，并写下你的感受。这可以帮助你减轻焦虑的感觉、挣脱忧虑的束缚。

1. 开始忧虑 5 分钟。
2. 接着拿出纸笔（或用笔记本），尽可能详细地写下你的忧虑和感受。如果当下没什么忧虑，也可以写昨天的。

时段之间

如果你忍不住开始忧虑了，你可以做下列练习："正向忧虑""飘荡思绪"或"转移注意力"。

忧虑时段 2：核心思绪

晚上

1. 开始忧虑 10 分钟。
2. 接着，回顾你今天早上或下午的笔记，这可以帮助你将思绪依重要性排序。你会发现有些忧虑看起来无关紧要，有些却可能反映着你的核心信念。核心信念就是那些你忧虑时一再出现的难缠思绪。
3. 在下一页写下至少 3 个核心信念。

今晚入眠

当你躺在床上想着你明天要做的事时，把"我必须……"换成"我想要……"。接着利用想象力把忧虑放到床底下的鞋盒或背包里，让它们在里面静静地待到明天。你可以明天早上再把它们拿出来。

我的核心信念

第 15 天　记录

1. 勾选你今天忧虑的主题（可多选）。

事业/学业	金钱	健康	爱情	亲友	别人对我的想法	其他

2. 你今天总共忧虑了多久？

0—30分钟	30—60分钟	1—2小时	2—3小时	3—4小时	4—5小时	>5小时

3. 你今天花了多少力气来停止忧虑？

毫不费力	小菜一碟	一些力气	很多力气	竭尽全力

4. 你昨晚睡得如何？

	完全符合	符合	还好	不符合	完全不符合
很难睡着	1	2	3	4	5
睡眠中断	1	2	3	4	5
太早醒来	1	2	3	4	5

5. 今天有发生让你开始忧虑的事吗?用关键词记下发生了什么事。

_____
_____
_____
_____
_____

第 16 天
"3 种情况"写作练习

忧虑时段 1：幻想

早上 / 下午

步骤 1：你已经在第 10—12 天做过这个练习了，只是这次要做得更快。这个练习在你对未来感到焦虑的时候很好用。首先，写下现在最重要的忧虑，例如："我怕我薪水不够付生活费"或"我不能再去跟爸妈要钱了，他们会把我赶出去。"

步骤 2：像看电影一样看着这个忧虑。现在，写下一个非常灾难性的剧情。最糟的情况是什么呢？尽可能地用你的想象力去夸大。例如："如果我再回家跟爸妈要钱，他们不会再给我了，因为我花太多了。然后我就不能跟我朋友去度假了。我还会被爸妈约谈，讨论我的消费模式，并且减少每个月给我的生活费。我很害怕他们会不再养我了，这样我就要去找工作。而且以我的学历，我永远无法找到一个我喜欢的工作。我下半辈子只能在超市搬货了。爸妈会因为我跟他们要钱而气得把我赶出家门。"

时段之间

如果你忍不住开始忧虑了，你可以大声拍手对自己说："等一下！"等到下个忧虑时段再去想它。

忧虑时段 2：未来剧本

晚上

步骤 3：现在，写下一个非常乐观的剧情，让一切都完全称心如意。用你的想象力，尽可能地让一切栩栩如生。你可以夸大，不用担心你的想法会太奇怪——反正都只是想象而已。例如："当我回家跟爸妈要钱用来度假，他们会超级开心。他们宁可我跟他们要钱，把时间花在读书上，也不要我浪费时间去超市打工。而且他们很高兴可以养我，觉得我永远都不应该羞于向他们开口。"

步骤 4：既然已经有了最乐观和最悲观的未来剧本，现在你要来写个介于两者之间的情况——这大概会是最贴近事实的剧本。

今晚入眠

试着把忧虑延到下一个忧虑时段。找事情转移你的注意力或做"正向忧虑 1"（第 1 天）回顾美好回忆，或"正向忧虑 2"（第 2 天）想想自己的优点。

第 16 天　记录

1. 勾选你今天忧虑的主题（可多选）。

事业/学业	金钱	健康	爱情	亲友	别人对我的想法	其他

2. 你今天总共忧虑了多久？

0—30分钟	30—60分钟	1—2小时	2—3小时	3—4小时	4—5小时	>5小时

3. 你今天花了多少力气来停止忧虑？

毫不费力	小菜一碟	一些力气	很多力气	竭尽全力

4. 你昨晚睡得如何？

	完全符合	符合	还好	不符合	完全不符合
很难睡着	1	2	3	4	5
睡眠中断	1	2	3	4	5
太早醒来	1	2	3	4	5

5. 今天有发生让你开始忧虑的事吗？用关键词记下发生了什么事。

_____

_____

_____

_____

_____

第 17 天

计数

忧虑时段 1：计数

早上 / 下午

你知道你有多少忧虑吗？其实忧虑通常不易察觉，所以这个练习要教你如何意识到自己在忧虑，练习成果可能会令你吃惊。要记得：只有意识到忧虑的存在，才能改善忧虑的行为。

1. 开始忧虑 5 分钟。
2. 今天要做的是计数练习。写下你现在最大的忧虑——你最常担心的是什么？哪些忧虑总是会一再出现？然后，准备一本笔记本和一支笔，白天时将这两样东西随身携带，比如放在包里或在工作桌上。每当你发现你又在担忧这件事的时候，就在笔记本上画上一杠。到第二个忧虑时段前，你要计算你担忧这件事的次数。
3. 我们会在第二个忧虑时段再回到这个计数练习。

时段之间

试着把忧虑延到下一个忧虑时段。如果不太有效,就找事情转移你的注意力。但不要忘了继续在笔记本上记下你忧虑的次数。

忧虑时段 2:忧虑让你获得了什么?

晚上

1. 开始忧虑 5 分钟。
2. 你今天的任务是计算你其中一个忧虑出现的次数。现在数一下笔记本上的杠数,你今天为这件事情担忧了几次?现在扪心自问:"我在忧虑这件事时获得了什么好处?"你从中得到了什么?情况有因此变好,还是你变得更加紧张了?它有让你更明智吗?你有因此得出任何结论?
3. 然后将你计算出的数字除以 2。如果你今天担忧了 32 次,那 32 除以 2 就是 16,明天的任务就是要让这个数字少于 16。

今晚入眠

如果睡不着,你可以再做一次"飘荡思绪"的练习,或选择本书里面任何一个对你最有效的幻想练习。

在下面用关键词写下昨天的 3 大忧虑。从这 3 个中选一个进行计数练习,计算到下一个忧虑时段前它一共出现了几次。跟今天做计数练习时一样,只要同样的忧虑又出现了,就在旁边加上一杠。

我昨天的 3 大忧虑

第 1 个 _____

_____

_____

_____

_____

第 2 个 _____

_____

_____

_____

_____

第 3 个 _____

第 17 天　记录

1. 勾选你今天忧虑的主题（可多选）。

事业/学业	金钱	健康	爱情	亲友	别人对我的想法	其他

2. 你今天总共忧虑了多久？

0—30分钟	30—60分钟	1—2小时	2—3小时	3—4小时	4—5小时	>5小时

3. 你今天花了多少力气来停止忧虑？

毫不费力	小菜一碟	一些力气	很多力气	竭尽全力

4. 你昨晚睡得如何？

	完全符合	符合	还好	不符合	完全不符合
很难睡着	1	2	3	4	5
睡眠中断	1	2	3	4	5
太早醒来	1	2	3	4	5

5. 今天有发生让你开始忧虑的事吗?用关键词记下发生了什么事。

_____

_____

_____

_____

_____

第 18 天

下一位，谢谢！

忧虑时段 1：下一位，谢谢！

早上 / 下午

当你对某件事感到困扰时，你会倾向于不断地重复某些想法，形成一连串互相助长的思绪。你可以尝试使用下面的技巧来打破这个恶性循环（如果可以的话，用个厨房定时器吧！）。

1. 开始忧虑 5 分钟。
2. 现在，我们要来总结你所有的忧虑。首先，将厨房定时器设定为一分钟，然后用这一分钟专注在你想到的第一个忧虑上，并用关键词记下忧虑的内容。时间到了，就对自己说："下一位，谢谢！"然后进入下一个忧虑，一样限时专注一分钟。一分钟到了，就对自己说："下一位，谢谢！"再换下一个忧虑，以此类推，直到你再也想不到任何忧虑了。你会惊讶地发现，你很快就会把忧虑"用光了"。

在下表中用关键词记下忧虑：

_____

_____

"下一位，谢谢！"

_____

_____

"下一位，谢谢！"

_____

_____

"下一位，谢谢！"

_____

_____

"下一位，谢谢！"

_____

_____

"下一位，谢谢！"

_____

_____

时段之间

如果你不小心又开始忧虑了,练习"下一位,谢谢!"的技巧。

忧虑时段 2:轻柔呼吸练习

晚上

1. 开始忧虑 5 分钟。
2. 找个舒适的姿势坐下或躺下。
   (1) 闭上眼睛并将注意力放在呼吸上,用自然的速度呼吸就好。
   (2) 把手放在肚子上,用鼻子吸气,将气吸到肚子里,再用嘴巴慢慢呼气。
   (3) 专注在你的呼吸上。你应该会发现心慢慢静下来了。
   (4) 让我们开始数数:吸气、吐气各数 1 拍,数到 10 拍后再重新开始。
   (5) 如果偶然有思绪飘过也没关系,不管是关于昨天、今天或未来的思绪,静静地观察它们就好,不必与它们互动。然后把它们放到云里,随风飘散。
   (6) 继续专注在你的呼吸上,数呼吸的拍数。如果不小心分心了就重新开始数。

今晚入眠

试着把忧虑放到床底下的背包或鞋盒里。别担心！它们到明天早上都还会乖乖待在里面。你可以明天再把它们拿出来看。

第18天　记录

1. 勾选你今天忧虑的主题（可多选）。

事业/学业	金钱	健康	爱情	亲友	别人对我的想法	其他

2. 你今天总共忧虑了多久？

0—30分钟	30—60分钟	1—2小时	2—3小时	3—4小时	4—5小时	>5小时

3. 你今天花了多少力气来停止忧虑？

毫不费力	小菜一碟	一些力气	很多力气	竭尽全力

4. 你昨晚睡得如何？

	完全符合	符合	还好	不符合	完全不符合
很难睡着	1	2	3	4	5
睡眠中断	1	2	3	4	5
太早醒来	1	2	3	4	5

5. 今天有发生让你开始忧虑的事吗？用关键词记下发生了什么事。

_____

_____

_____

_____

_____

第 19 天
等等再说 & 换个角度

忧虑时段 1：就此打住，等等再说

早上 / 下午

"等等再说"这个方法适用于最干扰你，让你难以入眠的忧虑。这个方法用来对付恼人、不理性地重复出现的忧虑很有用。这些忧虑有时会让你很焦虑，好像晚上一直觉得有人在你家外面走来走去一样。

1. 开始忧虑 5 分钟。
2. 我们现在开始练习这个方法。闭上你的眼睛，然后开始巨细靡遗地跟自己阐述这个重复出现的忧虑。然后在进行到一半时，叫自己打住："等等再说！"然后让自己停下来。
3. 重复练习 5 次。

时段之间

这些恼人的念头一定又会回来纠缠你,你可以用今天学的这个方法延迟它们。在使用"等等再说"之后,可以马上去找个转移注意力的事情来强化效果。

忧虑时段 2:换个角度看自己

晚上

1. 拿出一张纸,你喜欢自己什么?全部写下来。至少写 3 项,写越多越好。
2. 如果你觉得很难,那就试着站在别人的角度来看自己。你朋友会怎么赞美你?他们会怎么描述你的正面价值?

写好你自己的这些优点后,想象一下:你在一个社交场合认识了一个拥有这些优点的人,你应该会喜欢他吧,不会吗?

把这张纸带在身边一周,每天都看着几次来提醒自己:你也有不少优点。当你忧虑时,就看看这张纸。

今晚入眠

更衣准备睡觉时,把衣服想象成你穿在身上的忧虑,当你一件一件脱去你的衣服时,也一件一件脱去你的忧虑。

第 19 天　记录

1. 勾选你今天忧虑的主题（可多选）。

事业/学业	金钱	健康	爱情	亲友	别人对我的想法	其他

2. 你今天总共忧虑了多久？

0—30分钟	30—60分钟	1—2小时	2—3小时	3—4小时	4—5小时	>5小时

3. 你今天花了多少力气来停止忧虑？

毫不费力	小菜一碟	一些力气	很多力气	竭尽全力

4. 你昨晚睡得如何？

	完全符合	符合	还好	不符合	完全不符合
很难睡着	1	2	3	4	5
睡眠中断	1	2	3	4	5
太早醒来	1	2	3	4	5

5. 今天有发生让你开始忧虑的事吗？用关键词记下发生了什么事。

_____
_____
_____
_____
_____

第 20 天
写作练习 2

忧虑时段 1：写作练习

早上 / 下午

1. 开始忧虑 5 分钟。
2. 现在拿出你的纸笔，尽可能具体地回想一件令你不愉快的往事，想象它现在正在发生，写下你说的话、其他人说的话、你的感受、闻到什么、听到什么、看到什么（颜色、物体、声音）、是什么季节、天气如何……把你记得的细节写下来非常重要，就算它们看起来无关紧要。

时段之间

如果又开始忧虑了，可以做其中一个想象或放松练习。如果没有太多时间，可以再做一次"等等再说"的练习。

忧虑时段 2：继续写作练习

晚上

1. 开始忧虑 5 分钟。
2. 既然在第一个忧虑时段你已经描述了这件不愉快的经验，也写下了你在这件事件发生时的反应，那现在，写下你下次遇到同样的情况时会怎么做。问问自己："当时的结果可能不同吗？可以有多大程度的不同？""当时的情况是我可以控制的吗？我可以控制多少？"试着接受你犯的错误并且从中学习，为自己下一个公平的总结：你学到了什么？你要怎么确保这些"错误"不会再发生？你未来可以怎么做？
3. 好了，你已经完成这个练习，对于这件不愉快的往事，你无法做得更多了。你现在已经准备好了。

今晚入眠

如果开始忧虑了，就把"我必须……"替换成"我想要……"。

第 20 天 记录

1. 勾选你今天忧虑的主题（可多选）。

事业/学业	金钱	健康	爱情	亲友	别人对我的想法	其他

2. 你今天总共忧虑了多久？

0—30分钟	30—60分钟	1—2小时	2—3小时	3—4小时	4—5小时	>5小时

3. 你今天花了多少力气来停止忧虑？

毫不费力	小菜一碟	一些力气	很多力气	竭尽全力

4. 你昨晚睡得如何？

	完全符合	符合	还好	不符合	完全不符合
很难睡着	1	2	3	4	5
睡眠中断	1	2	3	4	5
太早醒来	1	2	3	4	5

5. 今天有发生让你开始忧虑的事吗？用关键词记下发生了什么事。

_____

_____

_____

_____

_____

第 21 天

放松

忧虑时段 1：飘荡思绪

早上 / 下午

1. 开始忧虑 5 分钟。
2. 首先，让自己心无旁骛。如果有一缕思绪偶然飘来，不用抵抗它，思绪就只是思绪而已。接纳所有飘进你脑中的思绪，把它们全都放到轻软软的云朵里。专注你的呼吸，让这些载满你思绪的云朵在你脑中静静地飘荡、慢慢地旋转……当你轻轻地呼气，就把云朵安静地吹散。这样一来，你能让思绪轻轻地来，又悄悄地走。

时段之间

可以做第 5 天的"倾诉忧虑"想象练习，或再做一次"飘荡思绪"练习。

忧虑时段 2：放松

晚上
1. 开始忧虑 5 分钟。
2. 接着，找张沙发或床坐下或躺下，让自己尽可能地舒适。
   （1）闭上眼睛，用鼻子深呼吸几次。
   （2）感受你的四肢变得暖和、沉重、放松。
   （3）想象你正安静地躺在一个温暖的沙滩上，或你正在小船上随波漂荡。
   （4）想象这个画面的所有细节：你正在享受这个温暖的天气，不太冷不太热，刚刚好，你有杯沁凉的饮料，就这样静静地躺着。
   （5）做这个练习 5 分钟。

今晚入眠

想象你正在沙滩上享受美好时光。你非常放松而且正沐浴在温暖的阳光里。全然地放松并且感受你的身体越来越重，重得在沙里印出了形状。

第 21 天　记录

1. 勾选你今天忧虑的主题（可多选）。

事业/学业	金钱	健康	爱情	亲友	别人对我的想法	其他

2. 你今天总共忧虑了多久？

0—30分钟	30—60分钟	1—2小时	2—3小时	3—4小时	4—5小时	>5小时

3. 你今天花了多少力气来停止忧虑？

毫不费力	小菜一碟	一些力气	很多力气	竭尽全力

4. 你昨晚睡得如何？

	完全符合	符合	还好	不符合	完全不符合
很难睡着	1	2	3	4	5
睡眠中断	1	2	3	4	5
太早醒来	1	2	3	4	5

5. 今天有发生让你开始忧虑的事吗？用关键词记下发生了什么事。

_____

_____

_____

_____

_____

恭喜你，第 3 周结束了！
你上周的忧虑有多严重呢？

回想你上周的状况，圈选下表中最符合的描述。

		没有	很少	少	有时	经常	大多数时候	一直
1	如果我没有足够时间来完成所有事情，我并不因此忧虑	6	5	4	3	2	1	0
2	我的忧虑让我受不了	0	1	2	3	4	5	6
3	我不太担心事情	6	5	4	3	2	1	0
4	有很多让我忧虑的状况	0	1	2	3	4	5	6
5	我知道我不该忧虑，但我无法控制	0	1	2	3	4	5	6
6	当我有压力时，我很忧虑	0	1	2	3	4	5	6
7	总是有让我感到忧虑的事情	0	1	2	3	4	5	6
8	我觉得除去忧虑的思绪很容易	6	5	4	3	2	1	0

续表

		没有	很少	少	有时	经常	大多数时候	一直
9	当我一完成某件事，我就开始担忧其他还没完成的事	0	1	2	3	4	5	6
10	我完全没有忧虑任何事情	6	5	4	3	2	1	0
11	当我对一件事已经无能为力时，我就将它完全放下了	6	5	4	3	2	1	0
12	我发现自己在为一些事情担忧	0	1	2	3	4	5	6
13	我一旦开始忧虑就很难停下来	0	1	2	3	4	5	6
14	我一直在忧虑	0	1	2	3	4	5	6
15	我会一直担忧某个项目直到它完成为止	0	1	2	3	4	5	6
总和								

我第3周的忧虑总分：

第4周

第 22 天

3 栏练习

忧虑时段 1：思考习惯

早上 / 下午

在下一页表格有 3 栏，它们是用来帮助你以正面思考替换负面思考的。你可以在填写前先看看范例。

步骤 1：在第一栏写下 3 个忧虑。

步骤 2：在为这些忧虑担忧时，你有什么思考习惯？在下面选出符合的选项，填入第 2 栏：

（1）泛化定论：从有限的经验中下了个普遍化结语。

（2）非黑即白：你想得很极端——事情不是全是好的，就全是坏的。

（3）臆测想法：你假设自己能准确地知道其他人在某状况下的想法。

（4）有限感知：你从事件中截取一个（通常是负面的）细节，而且只把思绪专注在这上面。

（5）情绪思考：你用感觉来证明某个想法是正确的。

（6）负面思考：你把中性或正面的经验想成负面的。

时段之间

试着延迟忧虑到下一个忧虑时段。如果不行的话，就找事情转移注意力或做"放松"练习。你也可以选择打电话给 X 倾诉你的忧虑。

忧虑时段 2：其他习惯

晚上

步骤 3：在今天的忧虑时段 1 你已经了解到，你的有些思考习惯其实在帮倒忙。这些习惯是可以被调整的。在这个忧虑时段中，你要将所有第一栏中的忧虑转换成实际且理性的想法，填入并完成第 3 栏。

今晚入眠

再做一次昨晚的练习：想象你正在沙滩上享受美好时光。你非常放松而且正沐浴在温暖的阳光里。全然地放松并且感受你的身体越来越重，重得在沙里印出了形状。

3 栏练习范例

第 1 栏 忧虑	第 2 栏 思考习惯	第 3 栏 务实且理性思考
男人不可以信任	泛化定论	有些男人的确不可以信任,但不是总是都这样
他们对我只有批评	有限感知	有批评没错,但也有其他的反应
我觉得我很蠢,所以我很蠢	情绪思考	我在这个情况下觉得自己无法胜任的感觉,不能代表我真的永远无法胜任
我什么都做不好	非黑即白	有些事情我做得比别人好
他们一定在想:"他是个笨蛋"	臆测想法	我不知道别人怎么想我
她赞美我,但其实她不是真心的	臆测想法、负面思考	她可能是真心赞美我
如果这件事不是对的,那就一定是错的	非黑即白	大部分的事情都不是 100% 正确或错误的
我从没做好过什么事情	泛化定论、有限感知	我不完美,但有些事情我来做比别人来做好
如果他们不觉得我人很好,那他们一定不喜欢我	非黑即白	也有可能是其他情况。我有优点也有缺点,谁不是呢?
他已经决定要让我出糗	臆测想法	我不知道他在计划什么
他们收到礼物没有很开心,所以他们一定觉得这个礼物没有意义	臆测想法、非黑即白	可能不是他们想要的礼物吧!我只有去问他们才会知道
发生在我身上的都是坏事	有限感知	有时候会有好事,有时候会有坏事,每个人都一样

3栏练习

第1栏（步骤1） 忧虑	第2栏（步骤2） 思考习惯	第3栏（步骤3） 务实且理性思考

第 22 天　记录

1. 勾选你今天忧虑的主题（可多选）。

事业/学业	金钱	健康	爱情	亲友	别人对我的想法	其他

2. 你今天总共忧虑了多久？

0—30分钟	30—60分钟	1—2小时	2—3小时	3—4小时	4—5小时	>5小时

3. 你今天花了多少力气来停止忧虑？

毫不费力	小菜一碟	一些力气	很多力气	竭尽全力

4. 你昨晚睡得如何？

	完全符合	符合	还好	不符合	完全不符合
很难睡着	1	2	3	4	5
睡眠中断	1	2	3	4	5
太早醒来	1	2	3	4	5

5. 今天有发生让你开始忧虑的事吗？用关键词记下发生了什么事。

_____
_____
_____
_____
_____

第 23 天
做出决定

忧虑时段 1：做出决定

早上 / 下午

1. 开始忧虑 5 分钟。
2. 你或许认得这种情况：即便你很想，但始终做不出决定——因为你想太多了。你在决策的十字路口徘徊、犹豫不决，这使得你被动行事，不断延迟，也让你自己困在这忧虑的窘境中。

你可以按部就班使用下面的策略来帮助你做出决定。建议你把问题的答案写下来，这样你就可以有个书面的总览和计划。准备好纸笔，让我们开始下面的练习吧！

步骤 1：你要做的决定是什么？（例如：我们今年放假要去哪里？）

步骤 2：你的疑虑是什么？（例如：我们该到去年已经拜访过的露营区吗？孩子去年喜欢吗？要自己开车去还是跟团？这样会不会太贵了？）

步骤 3：去搜集一些数据来减少你的疑虑。（例如：可以去旅行社问问，或请亲朋好友出意见。)

时段之间

步骤 4：搜集资料并做整理——你可以用今天剩下的时间来搜集数据，这样在今天第 2 个忧虑时段你就可以来做决定。例如：去比较不同选项的条件，像是价格、给孩子的娱乐设施等。你可以问问价格包含的内容有什么，有没有需要额外支付的费用。问问别人是怎么安排他们的假期的。

忧虑时段 2：最后期限

晚上

步骤 5：依据搜集到的数据衡量不同的选项。

步骤 6：设定最后期限。先决定要让你自己花多少时间做这个决定。你要再花两个礼拜想想吗？那就设下两周的最后期限，把它注记下来（例如在日记本或行事历上），然后两周内做出决定。

步骤 7：鉴定你下的决定，不批评自己。

每个决定都有好有坏，而且往往只有事后才能了解其中优劣。决定是没有唯一正确答案的，一个完美的决定并不存在。你可能会因为你的决策后悔，但你可以从中学习，又或许还来得及取消或变更你的选择；你也可能对你的决定非常满意；也可能所有选项都很诱人，不论怎么选择都不后悔。但不论如何，作决策时你承担了风险，而人生不可能毫无风险。

今晚入眠

如果开始忧虑了,就把"我必须……"替换成"我想要……"。

第23天　记录

1. 勾选你今天忧虑的主题（可多选）。

事业/学业	金钱	健康	爱情	亲友	别人对我的想法	其他

2. 你今天总共忧虑了多久？

0—30分钟	30—60分钟	1—2小时	2—3小时	3—4小时	4—5小时	>5小时

3. 你今天花了多少力气来停止忧虑？

毫不费力	小菜一碟	一些力气	很多力气	竭尽全力

4. 你昨晚睡得如何？

	完全符合	符合	还好	不符合	完全不符合
很难睡着	1	2	3	4	5
睡眠中断	1	2	3	4	5
太早醒来	1	2	3	4	5

5. 今天有发生让你开始忧虑的事吗？用关键词记下发生了什么事。

_____

_____

_____

_____

_____

第 24 天

预期

忧虑时段 1：想象……

早上 / 下午

许多人常会想象一段时间后自己的生活会怎样。然后花好几个小时担心这件事。这个练习对害怕坏事会发生，并觉得自己无法应付的人很有用。早些时候你已经用关键词写下你担心的事情。现在拿出其中一件来做这个练习。

1. 开始忧虑 5 分钟。
2. 想象一下，如果这件你真的很害怕的事情明天成真了，就这样爆发了，你的生活会变得如何？或许一开始想这件事会让你觉得压力很大，但尽可能详细地描述发生时的情景，仿佛你正身陷其中：你的感受如何、在想什么、身在哪里？这件事情对你有什么影响或后果？不必担心措辞，尽管写就对了。

比如：虽然我很认真准备了，但我没有通过考试。你觉得很自责，觉得"我没有能力""我太笨了"或"我永远无法完成它"。

你怎么想象你一年后的生活？

时段之间

阅读下个忧虑时段的练习内容,然后开始思考。

忧虑时段 2:接下来呢?

晚上

1. 开始忧虑 5 分钟。

2. 然后你要来描述一下,在你忧虑的事情(假设)发生的一年后,你的生活会是如何?想象一下你害怕的这件事情爆发一年后的生活,描述你的感受以及你的思绪。

试着合理地思考未来:或许未来真的很残酷,但不会是无法克服的。在这一年当中,必定也会有新的机会出现。除了原本的描述,也写下有什么开心喜乐的事情可能在事件爆发后发生。你的未来不是个灾难,而是一个可以被克服的状况。

今晚入眠

试着将忧虑延迟到下个忧虑时段。你可以做"转移注意力"练习,或"正向忧虑"练习,去想一段美好的回忆或你的优点。

第 24 天　记录

1. 勾选你今天忧虑的主题（可多选）。

事业/学业	金钱	健康	爱情	亲友	别人对我的想法	其他

2. 你今天总共忧虑了多久？

0—30分钟	30—60分钟	1—2小时	2—3小时	3—4小时	4—5小时	>5小时

3. 你今天花了多少力气来停止忧虑？

毫不费力	小菜一碟	一些力气	很多力气	竭尽全力

4. 你昨晚睡得如何？

	完全符合	符合	还好	不符合	完全不符合
很难睡着	1	2	3	4	5
睡眠中断	1	2	3	4	5
太早醒来	1	2	3	4	5

5. 今天有发生让你开始忧虑的事吗？用关键词记下发生了什么事。

_____
_____
_____
_____
_____

第 25 天

捕捉思绪 2

忧虑时段 1：捕捉思绪

早上 / 下午

1. 开始忧虑 5 分钟。

2. 今天每当你有忧虑的时候，就把它大声说出来。在说出来以前，把"我在想"放在前面。比如："我在想，我陪孩子的时间不够，我可能工作太忙了。"然后把这些思绪马上写下来，以免忘记，同时写下你的思绪是在什么情况下产生的，以及这个思绪困扰你的程度（从 0 到 1）。

时段之间

当你忧虑时，想象你在短期度假。让自己沉浸在度假的美好中，停留半小时，什么都不用管。做些美好的事，比如买份报纸来看，享受个半小时的假期。

忧虑时段 2：解读思绪

晚上

1. 开始忧虑 5 分钟。
2. 我们来进一步细看你今天产生的思绪。从你写下的思绪里面挑出最常出现或最让你困扰的，然后在你的笔记本里回答下列问题：
   （1）这个思绪在说明了我什么事情？
   （2）这个思绪在说明了我的世界、朋友、家人什么事情？
   （3）这个思绪、当下的情况和感觉最糟糕的地方是什么？为什么它那么糟？
   （4）是什么让这个忧虑如此令我分心，为什么我觉得那么困扰？

今晚入眠

再次想象你正在沙滩上享受美好时光。你非常放松而且正沐浴在温暖的阳光里。全然地放松并且感受你的身体越来越重，重得在沙里印出了形状。

第25天　记录

1. 勾选你今天忧虑的主题（可多选）。

事业/学业	金钱	健康	爱情	亲友	别人对我的想法	其他

2. 你今天总共忧虑了多久？

0—30分钟	30—60分钟	1—2小时	2—3小时	3—4小时	4—5小时	>5小时

3. 你今天花了多少力气来停止忧虑？

毫不费力	小菜一碟	一些力气	很多力气	竭尽全力

4. 你昨晚睡得如何？

	完全符合	符合	还好	不符合	完全不符合
很难睡着	1	2	3	4	5
睡眠中断	1	2	3	4	5
太早醒来	1	2	3	4	5

5. 今天有发生让你开始忧虑的事吗？用关键词记下发生了什么事。

_____

_____

_____

_____

_____

第 26 天

务实的方法

忧虑时段 1：务实的方法

早上 / 下午

在这个练习中，我们要来建构务实的思考模式。但要一下就完全改变你的思考习惯很难，所以接下来你要尝试把每次的想法都替换成务实的。要让务实的思考方式变成直觉反应会需要点时间，让自己慢慢来。

1. 开始忧虑 5 分钟。
2. 现在，结合"3 栏练习"的结果来回答下面问题。
   （1）描述问题：
      你的忧虑是什么？描述一下。
      你的想法把你带往哪个思考方向？
      你的想法在哪里开始变调？
      你的想法与什么样的主题 / 灾难 / 要求有关？
   （2）寻找你忧虑的证据：

有什么证据证明你担忧的这件事确实存在?
有什么证据证明你担忧的这件事并不存在?

(3) 阐明你的目标:

你想要什么事情变得不一样或者更好?想象一下。

(4) 思考务实的选择:

最糟的结果会是什么?
对你来说最好的解决办法会是什么?
对你来说最务实的解决办法会是什么?

时段之间

再做一次第5天的"倾诉忧虑"想象练习,你也可以直接打电话给某人倾诉你的忧虑。确认他们只倾听,无需给予回馈。

忧虑时段 2:务实的方法(续)

晚上

(5) 考虑结果:

想象一下,如果你要把(4)中最务实的解决办法付诸实践,这对你而言代表什么?
这个方法在短期与长期的正面和负面影响又是什么?

(6) 将这个务实的方法付诸实践:

养成务实思考的习惯,习惯将务实的方法付诸行动。

(7) 评估结果,给自己时间掌握务实的思考方式。

一段时间后，你会发现自己的务实的思考变成直觉反应。

今晚入眠

在床上时再做一次"放松"练习。

第 26 天　记录

1. 勾选你今天忧虑的主题（可多选）。

事业/学业	金钱	健康	爱情	亲友	别人对我的想法	其他

2. 你今天总共忧虑了多久？

0—30分钟	30—60分钟	1—2小时	2—3小时	3—4小时	4—5小时	>5小时

3. 你今天花了多少力气来停止忧虑？

毫不费力	小菜一碟	一些力气	很多力气	竭尽全力

4. 你昨晚睡得如何？

	完全符合	符合	还好	不符合	完全不符合
很难睡着	1	2	3	4	5
睡眠中断	1	2	3	4	5
太早醒来	1	2	3	4	5

5. 今天有发生让你开始忧虑的事吗？用关键词记下发生了什么事。

_____
_____
_____
_____
_____

第 27 天

自由选择

忧虑时段 1：自己选择

早上 / 下午

1. 开始忧虑 5 分钟。
2. 过去几周你已经做了很多练习，大概已经知道哪些练习比其他的有效。这就是为什么我们要让你选择今天的练习。

现在，选择任何一个过去两周做过最有效的练习并开始执行。

时段之间

试着将忧虑延迟到下个忧虑时段。如果不小心开始忧虑了，就做"正向忧虑"练习，去想一段美好的回忆或你的优点。

忧虑时段 2：自己选择

晚上

1. 开始忧虑 5 分钟。
2. 选择任何一个过去两周做过最有效的练习并开始执行。

今晚入眠

如果你开始担心你明天的行程,把"我必须……"换成"我想要……"。

第 27 天 记录

1. 勾选你今天忧虑的主题（可多选）。

事业/学业	金钱	健康	爱情	亲友	别人对我的想法	其他

2. 你今天总共忧虑了多久？

0—30分钟	30—60分钟	1—2小时	2—3小时	3—4小时	4—5小时	>5小时

3. 你今天花了多少力气来停止忧虑？

毫不费力	小菜一碟	一些力气	很多力气	竭尽全力

4. 你昨晚睡得如何？

	完全符合	符合	还好	不符合	完全不符合
很难睡着	1	2	3	4	5
睡眠中断	1	2	3	4	5
太早醒来	1	2	3	4	5

5. 今天有发生让你开始忧虑的事吗？用关键词记下发生了什么事。

_____
_____
_____
_____
_____

第 28 天

正面的一天

忧虑时段 1：正面思考练习

早上 / 下午

1. 开始忧虑 5 分钟。
2. 去安静地坐下，任凭你的焦虑和忧虑涌入、汇集，接受它们的原本的样子，无需强求。现在，不要专注在你不满意的、忧虑的事，而是在你引以为傲的事上。闭上双眼，慢慢地让你引以为傲的事情涌入脑中，它可以是你的优点，可以是某次特别的成功事迹，也可以是你自己达成的荣誉。

当你找到这件你引以为傲的事情后，想着它，并且告诉自己你非常以自己为荣：

_____（你的名字），当你 _____ 时，你做得非常棒，我很以你为荣！_____（你的名字），你的 _____ 是非常棒的优点，我很以你为荣！在脑海中重复告诉自己 10 次，每说一次就更加热情，每说一次就更加相信，最后在脑海中大喊："我很以你为荣!"

你会发现,正面的想法能让你再次感受美好。接受你有优点也有缺点的事实,每个人都是这样。

时段之间

如果不小心又开始忧虑了,就大声拍手对自己说:"等一下!"把忧虑延迟到下一个忧虑时段;你也可以度个半小时的假。

忧虑时段 2:正面忧虑

晚上

1. 开始忧虑 5 分钟。
2. 接下来,我们来务实地描写你。

写下你的个性、优点、缺点、你的生活和你的未来。

写下对你来说重要的事,这些事是可以达成的吗?

你对未来数个礼拜或数个月的愿望是什么?这些愿望务实吗?是你自己真的想要这些愿望实现还是受到别人影响?目标设立得越小越好。你在前往达成自己目标的路上吗?如果不是,那就要换个可以达成的目标。

今晚入眠

如果你又开始忧虑了,做"飘荡思绪"练习。

第 28 天　记录

1. 勾选你今天忧虑的主题（可多选）。

事业/学业	金钱	健康	爱情	亲友	别人对我的想法	其他

2. 你今天总共忧虑了多久？

0—30分钟	30—60分钟	1—2小时	2—3小时	3—4小时	4—5小时	>5小时

3. 你今天花了多少力气来停止忧虑？

毫不费力	小菜一碟	一些力气	很多力气	竭尽全力

4. 你昨晚睡得如何？

	完全符合	符合	还好	不符合	完全不符合
很难睡着	1	2	3	4	5
睡眠中断	1	2	3	4	5
太早醒来	1	2	3	4	5

5. 今天有发生让你开始忧虑的事吗？用关键词记下发生了什么事。

_____
_____
_____
_____
_____

恭喜你，第 4 周结束了！
你上周的忧虑有多严重呢？

回想你上周的状况，圈选下表中最符合的描述。

		没有	很少	少	有时	经常	大多数时候	一直
1	如果我没有足够时间来完成所有事情，我并不因此忧虑	6	5	4	3	2	1	0
2	我的忧虑让我受不了	0	1	2	3	4	5	6
3	我不太担心事情	6	5	4	3	2	1	0
4	有很多让我忧虑的状况	0	1	2	3	4	5	6
5	我知道我不该忧虑，但我无法控制	0	1	2	3	4	5	6
6	当我有压力时，我很忧虑	0	1	2	3	4	5	6
7	总是有让我感到忧虑的事情	0	1	2	3	4	5	6
8	我觉得除去忧虑的思绪很容易	6	5	4	3	2	1	0

续表

		没有	很少	少	有时	经常	大多数时候	一直
9	当我一完成某件事,我就开始担忧其他还没完成的事	0	1	2	3	4	5	6
10	我完全没有忧虑任何事情	6	5	4	3	2	1	0
11	当我对一件事已经无能为力时,我就将它完全放下了	6	5	4	3	2	1	0
12	我发现自己在为一些事情担忧	0	1	2	3	4	5	6
13	我一旦开始忧虑就很难停下来	0	1	2	3	4	5	6
14	我一直在忧虑	0	1	2	3	4	5	6
15	我会一直担忧某个项目直到它完成为止	0	1	2	3	4	5	6
总和								

我第 4 周的忧虑总分:

第一部分尾声

本书目的是要教你如何减少忧虑以及更有效地掌控你的想法——到目前为止，你已经做了不少练习来帮你达成这个任务。如果这些练习真的让你的忧虑成功地减少了，那么建议你继续使用它们。你可以自己决定要继续做哪些练习，看看哪些练习对你来说最有效。

忧虑者不会轻易地放弃忧虑，因为他们害怕会失去对问题的控制，他们觉得自己是在用这种思考方式解决问题。如果终究找到解决方法或采取行动，那还好些，但你要知道：过度地忧虑是不能帮你解决问题的。

正面情绪可以开阔我们对事物的看法，使我们从更有创意的角度思考问题的解决方案。所以，在日常生活中经常创造可以激发正面情绪的情境是很重要的。你可以采取各种方式，例如：冥想、到林子里散步、做自己有兴趣的事情、喝一杯咖啡等。千万不要等到自己又陷入忧虑泥淖才开始做这些事，因为到时候通常很难激励自己去做任何事，建议你每天都要给自己创造点正面情绪。光是你每天都这样为自己做些事，就能让情绪更好，也会更觉得事情在你的掌控之中。

我现在的忧虑比之前少了多少?

在下表中,你可以记下过去数个周末填写的忧虑问卷总分,来看看你的忧虑程度改善了多少。你的忧虑有好转吗?

一开始的忧虑总分	分数
1 周后忧虑总分	
2 周后忧虑总分	
3 周后忧虑总分	
4 周后忧虑总分	

4 周后忧虑总分低于一开始的忧虑总分的 50%:太棒了,恭喜你!

4 周后忧虑总分相当于一开始的忧虑总分的 50%—75%:建议你继续练习!

4 周后忧虑总分大于一开始的忧虑总分的 75%:建议你与医生讨论是否需要心理咨询师或精神科医生的协助。不要拖延治疗时间,因为过度忧虑的状况通常不会自动消失。

第二部分
掌控忧虑进阶学习

忧虑之所以难以挣脱，是因为在大多数情况下，我们没有觉察到它们正悄悄爬到我们心里。不知不觉中，我们已经习惯了它们在我们脑中织成的网罗，连忧虑的思路都已成了自动反应：有时候我们会相信自己的小谎言是事实，有时候我们又会夸大其词。这些思绪常常使我们痛苦，终而以失眠的形态暗示着我们仍不断在忧虑的事实（当然失眠不一定是因为忧虑）。

此外，忧虑也诱使你开始发现支持它的证据，看到时你会说："你看我真的很蠢、你看我什么都做不好、你看我连话都不会说……。"为了方便，我们姑且称这为"你看情结"。你会以为，如果你重复发现这些"证据"，你就会觉得自己的那些忧虑想法是对的。但是问题是：你不是对的。因为大多数时候这些想法压根就不是真的。

然而难的是，很多一次性的"思绪"在不断重复咀嚼后就成了"忧虑"。假如某人从市区搬到郊区的一幢新房子，并且抱怨："我觉得自己好像被活埋在这里了。"他的意思只是郊区没什么人来拜访他，而且他想念以往的社交，其实纯粹抒发这样的情绪是没问题的，他不过是用了稍微夸张的比喻而已。但是，如果这个人在数个星期后仍然不断重复这个思绪（一天不下几十次），那这个思绪便正式成为忧虑了。

其实，一般的思绪和忧虑的差别在于它们出现的频率、持续的时间，以及我们是否能控制它们。一个问题在你脑中盘旋几天后找到了解决方案并不属于忧虑。忧虑的其中一个特征是重复出现，在你不愿意时也不请自来，不但没有解决办法的产出，更没有负面情绪的缓解，往往只有因为失眠和失望造成的疲乏与倦怠。你会感觉自己好像一颗皮球，被这些失控的思绪踢来踢去。

忧虑的另一个特征是它们很耗时。忧虑者很容易一不小心就花上几个小时，除了忧虑之外什么事都不想。我们不能小看这个问题，忧虑的人可能一天 10 个小时就这样失去了，有些人甚至花上 15 个小时，甚至更多。有些人说自己醒着的时候都在忧虑，有些人说自己连晚上睡觉做梦也都在忧虑。目前的研究显示，人在忧虑时大脑激活的区块，通常在睡着时仍持续活动。

对经常忧虑的人来说，在大多情况下，他们忧虑的主题通常就是那一两个，顶多三个，只是这些主题一再地以不同的面貌出现。

本书的第二部分是特别写给那些长期忧虑的读者们。我们会按部就班处理一些常见的忧虑，提供一些解说和可能的替代思绪。你或许发现，察觉别人的执迷不悟很容易，但认清自己的忧虑却很难，当局者迷、旁观者清是人之常情。你或许觉得，看清别人的庸人自扰很简单，你很庆幸自己没有这些忧虑，觉得自己的每一个忧虑似乎都很有道理、很必要。这本书会帮助你挑战你忧虑背后的逻辑。

读到这里，你已经学了如何发现、写下并挑战你的忧虑。在下半部，我们要进一步处理它们。除了检视这些忧虑的内容外，我们也会探讨它们的形态，像是频率、强度、长度、重复度、真实性等等。

　　一段时间后，你会发现自己在忧虑的事情其实没有那么重要，重要的是这些忧虑让你踟蹰不前，浪费时间却又无法解决问题。一旦认清这个事实，你就可以吹散忧虑织成的网罗。

　　对有些人来说，忧虑和他们的焦虑及抑郁密切相关。所以在处理忧虑的同时，也能某程度上降低焦虑与抑郁感。但重要的是，不论你是否符合上述情况，都不该把期望设得太高。

　　有些长期忧虑的人在面对他们难缠的忧虑时觉得很无力，不想再去想，却又无能为力。有时他们会为了阻挡、停止或清除这些忧虑而服用过多药物或酒精。有些人更因为忧虑的无穷无尽而有了自杀的想法。自杀思绪的产生可被视为一种极端的忧虑形态。本书也是为那些想要一概脱离上述种种忧虑的读者而写。

热门忧虑排行榜

1. 我不够好

最热门的忧虑莫过于:"我不够好。"你若重复地想或说这句话,你往往会落入经常忧虑的泥淖。你可能会觉得自己是因为缺乏自信才会一直讲这种话。但不如倒过来想:你若一直对自己说这种话,你会因此变得缺乏自信。你会因此相信你真的不是个好妈妈、好丈夫、好妻子或老师,相信你什么事都没办法自己做好。

"我不够好"的论述建筑在以偏概全的思考方式上,已经不止于批评自己哪些事情做得不够好,而是直接否定了自己整个人。这类思考方式的特色是它们会变成一种自证的恶性循环:一旦你觉得自己不够好,就容易表现得很没有安全感,进而影响你的表现,你就又会因此更觉得自己不够好,(你会说:"你看!")最后其他人也会开始看到你似乎表现得不够好。这就是所谓自证的恶性循环,说久了就成真了。这是许多忧虑都有的特征。

挑战你的思维

令人匪夷所思的是,忧虑者总直接接受"我不够好"的说法,将它视为事实，没有停下来去检视这句话到底有几分真假？"不够好"到底是什么意思？许多忧虑者把自己的标准设得非常高，有时候他们太过完美主义，如果他们只达到自己要求的90%，就会觉得自己表现得不够好。

我们打个比方：一个跳高选手给自己设定的目标是跳2米高，在多年的训练后他只能跳到1.98米。他可能会觉得至少自己已经几乎达成目标了，这样的话他就不会成为一个忧虑者。但面对同样情况，一个忧虑者会觉得自己不够好，而且不只是跳高的表现不够好，而是整个人都不够好。因为他坚信自己应该要更努力训练，应该要更有野心，应该要有更强大的内心……

因此，在这忧虑者的眼中，再大的成就只要没达标就会被贬成不够好，而且是这运动员的整个人都不够好。但是，到底什么是"好"？"好"的定义很模糊，什么是个"好"母亲、"好"配偶、"好"研究员呢？

其实，要评估一个母亲、配偶或研究员的行为，和"好"没有太大的关系。而是需要一些更具体的标准去衡量，而且这些标准本身也有点主观。简而言之，"好"几乎都是主观的，每个人对"好"的理解都不尽相同。你又为什么要去符合别人眼中的"好"呢？重要的应该是，你要先清楚地定义评价自己表现的标准和规范，因为当事情进展不顺利时，自问为何自己没有达到一个不明确的标准是没有意义的。更何况，如果你想成为一个完美的母亲，那么你的孩子可能会没有自己的生活。

你可以怎么想

你要为自己创造一个合适的替代想法，然后把它写下来，比如说:"我有很多角色而且从事很多活动,在不同的角色里我可以选择更进一步地成长。如果我喜欢烹饪,那我可以接受更多培训;我可以去上我有兴趣的 DIY 课程;身为一个母亲,我可以问问其他妈妈的意见……让我试着做一个平凡的母亲和家庭主妇吧!一个够好的妈妈,一个能享受和孩子在一起的时光的妈妈。"(如果你是爸爸或其他角色,也是一样的。)

如果你是在外工作的人,你的替代想法也可以是:"如果我认为自己工作能力未能达到老板要求,那我可以进修以取得更多能力资格。与其在一开始就否定自己,不如检视上级是如何判断我的能力的。"

2. 没有人喜欢我

这个忧虑也很热门,而且很容易变成一种恶性循环。你如果长期这样想且相信真的没有人喜欢你,那它某种程度上会成真。因为你会表现得很没有安全感,像个一直想要讨人喜欢却一直不被喜欢的人(你看!)。

你要注意太过以偏概全的想法,因为"没人喜欢我"的意思是喜欢我的人"连一个都没有"。有这样的想法也表示你相信自己的个性糟糕到没有人能够喜欢,而且所有的社交互动都只会以同一种方式收场:被拒绝。

挑战你的思维

一般来说,这个结论都不是真的。如果你相信它是真的,那你就还没认识到事实:其实你是被喜欢的,只是不是每个人都喜欢你，也不是每个你想要被喜欢的对象都喜欢你。你如果一直对自己重复讲"没有人喜欢我"，那你会无法摆脱"想让大家喜欢你"的困扰，使得你非常在意别人的眼光。短期内，害怕拒绝的人往往很讨喜。只是就长期而言，人们有时会对过度的友善感到疲倦，忧虑者就是用这种滥好人的方式纠缠他认识的人。

你也可能错误地解读身边所有明显是"喜欢"和"温暖"的信号："他们只是口头上说喜欢我，但其实他们觉得我什么都不是。"而不相信相反的证据。

此外，被喜欢也不代表一切，因为一个人被喜欢可以有各种不同的原因——可能是肤浅的第一印象，也可能是多年来积累的实质认识。当然，如果要有良好的第二印象，那第一印象就很重要。但有些有魅力的人会利用他们良好的第一印象来骗人：有些貌似很可爱的人其实私下是个恶霸；有些看起来脾气暴躁、不讨喜的人可能私下特别乐于助人、值得交往。当人们喜欢你，通常是因为你的行为或形象帮助到他们，或令他们想起了亲密的人。你的行为就是对了他们的胃口。总之，被喜欢都是当下的事情，在长期而言并不代表全部的你。你不如专注在与自己喜欢的人的互动，然后看看这种感觉是不是互相的。

你可以怎么想

如果你经常有这种想法，那或许可以尝试这样想（你可以把自己的替代想法写在笔记本里）："世界上没有任何一个人是受到所有人喜爱的（好吧，除了某些电影明星，但他们其实没有什么生活）。有些人社交能力很强，受到大多人欢迎；很多人（以与人互动的层面而言）社交能力普通，受到部分（但非大多）人的喜爱。这是因为每个人都有优点和缺点，而且有时候这个人喜不喜欢我跟我自己没关系，而是和他这个人有关。被不被喜欢、被谁喜欢只是因缘际会。"

此外，人们要怎么想我都可以——我无法改变他们的想法。不管我人多好，都无法保证别人会喜欢我。其实，我喜不喜欢别人比较重要。如果我专注于这些我喜欢的人，那或许可以提升他们也对我有好印象的概率。

3. 我做不到

这个观念有时候是对的，比如：你不会飞，所以要你飞，你做不到。但人们时常把它用在不恰当的地方。尤其是如果你经常重复它，它就会变成你的忧虑，你就不会开始去做你真的想做的事了。"这对我来说太困难了"或"我不会成功"都是这种观念的变形。

但你要知道，这都只是你的预测而已："如果我去挑战这件事，我并不会成功，这对我来说太难了，我其实做不到。"成功的可能在一开始就被排除了。最后，你只会在到处都看到瓶颈，不去执行任何困难的任务。这跟"我不敢做"的意思差不多。

挑战你的思维

是的，有时候这个观念是正确的，但在很多情况下不是的。例如，有些人会说他们无法更换汽车或自行车的轮胎，他们"做不到"，但其实意思只是他们目前还不知道要怎么做这件事而已。只要通过一些学习与练习，每个人都应该能够学会更换汽车或自行车的轮胎。这又好比有人要求你在一位好友的婚礼上简短演讲,你可能会下意识地说:"我做不到。"每次只要有人要求你做任何困难的事情时你都这样回答。久而久之,"我做不到"会变成忧虑;长此以往,"我做不到"会成为事实。因为如果你总是想或说:"我做不到",长远来看,你最终不会学会"做到"很多事情。

当人们说"我做不到"时,他们也是在说:"这真的很难。"但搞不好你做了一点尝试,结果就成功了。所以你不如对自己说:"这很难,但并非不可能。"这是因为大多数的事都可以通过学习而来:你若不知道如何更换水龙头、如何更换火花塞,或如何启动法律程序来争取离婚后的探视权,那么嚷着"我做不到"根本无济于事。你永远可以先开始查数据或寻求帮助,然后你可能会发现这个任务其实没有超出你的能力范围。

有个策略是"分解"一下你以为自己做不到的"那件事"。假设这件事是安装暖气,那这个任务可以按下面方式分解:

1. 看书或上网找资料
2. 问一个有这个技能的朋友应该怎么做
3. 研究你需要的材料
4. 研究你需要的工具
5. 研究如果请专业人员来操作的费用
6. 看看有实际技能的朋友是否愿意协助你
7. 找一下安装暖气的教程
8. 评估你有多少时间和金钱能花在这上面

当你执行这些步骤后,安装暖气的成果已经离你不远了。

简而言之,有些事情很难没错,但不是不可能。

你可以怎么想

总是要清楚"那件事"是什么（煮一顿美味的饭？写一封信？）并且牢记："或许有些事情很难，目前你还没有足够的知识和技能来做到，但很多知识与技能都可以学习，很多事情都可以按部就班地达成。"总之一句话："这很难但并非不可能。"当你又被"我做不到"的想法困住时，这句话会一直都在这里支持你。你要想着："我不知道我目前做不做得到，但我会先去学习如何做，然后去尝试。"与其说："这对我来说太难了。"不如说："它现在对我来说太难了，但如果我想学习它，那么我可以开始去做它。"与其说："我不敢做。"不如说："我确实觉得它有点可怕，但也许如果我做好充分准备，我就可以大胆放手去做它。"

4. 我会受不了

"我会受不了"是人们在想象与负面情绪关联的未来事件时所使用的表达方式。例如，如果你害怕飞行却又准备要坐飞机去旅行，那么你可能会想象自己或许会要面对难以忍受的恐慌。又或者当你有幽闭恐惧症，却又不得不乘坐电梯时，你也会预期自己恐慌。同样的，你也可能害怕离婚后的独自生活。

如果你经常告诉自己："我会受不了"那这可能会导致一种建立在逃避上的生活态度。而这令人窒息的态度形成的"成果"除了"持续的担心"和"预期自己无法承受的焦虑"之外别无其他。其实你是在对未来的焦虑感到焦虑。

挑战你的思维

确切来说,你害怕的是:自己无法忍受坏事发生时可能产生的焦虑感。你害怕自己受不了未来可能的恐慌、痛苦和寂寞。事实上,大多数人(包括你)是可以充分应对焦虑、痛苦、寂寞和抑郁等情绪的。

就算下周你因为在一个拥挤的商店里感觉虚弱,陷入恐慌,这种恐慌你也是受得了的。只要你静静等待半小时,等恐慌的感觉过去,那么在大多数情况下它是会自然消退的。一旦消退,你便熬过了这次的惊恐发作。其实没什么大事发生,你只是惊恐发作而已,当然它不舒服也不方便,但也不是什么大灾难。你不会因此得心脏病、头发不会突然变白、亲人也不会弃你于不顾,旁观者还会对你有同情心。简而言之,几乎每个人都能熬过恐慌发作。虽然它不轻松愉快,但你是有能力应对它的,你也可以应付自己的焦虑情绪,你是受得了的。问题在于,如果你试图逃避恐慌,那么你的逃避所带来的伤害往往比焦虑本身更大。举个例子来说,一名妇女在开车上班途中,在自己的后照镜上看到一只小蜘蛛。她很怕蜘蛛,所以她试图用报纸打死它,但她因而开车失控撞上了路灯柱。这个故事告诉我们:接受你的焦虑,不要逃避它。还有个害怕另一半出轨的男人,他因为恐慌而派人调查妻子。妻子发现后也终究离开了他。这个故事告诉我们:表达你的焦虑往往比逃避它带来的伤害要小。

此外,逃避焦虑是行不通的,你越是逃避,这些感受就越强烈。最佳良药就是接受你的恐慌,承受它而不去逃避,渐渐地这些恐慌感就会消退。

你可以怎么想

你何不试着这样想：

"如果我感到焦虑或陷入恐慌了，我会有能力应对，我是受得了的。"

"虽然会不舒服、不方便，但我不需要逃避我的焦虑。"

"如果离婚后我真的一个人了，那么我也能应付。虽然会很不容易，但我会熬过去的。"

"当我被自己的焦虑吓到时，我会去静静地坐下，等待焦虑消失。"

"我接受我害怕的感觉，我会等待焦虑自然消退。"

5. 我很笨

"我很笨"和意思差不多的"我什么都不懂""其他人比我懂得更多""我什么都记不起来""他们会认为我真的很笨"等观念都是十分常见的。对自己说这种话的人缺乏自信，或许也已在抑郁的入口徘徊。说这种话是让自己感到一无是处最容易的方式，也是"你看情结"的一个范例："你看，我的丈夫总是比我对所有事情都懂得更多。"令人匪夷所思的是，有些人持续地对自己说这种话，有的一说就是几十年，说到他们自己都深信不疑。

挑战你的思维

令人惊讶的是，那些认为自己"笨"的人往往并不确切知道自己所说的"笨"是什么意思。如果问他们，他们通常也不太能给出一个定义或标准。因为"笨"不等于"智商低"，有很多高智商的人（因为他们学术表现优异或上了好大学）也说自己笨。就算是智商不高或有智力障碍的人也不是笨，只是能力有限罢了。

"笨"是因为自己怎么会犯这种错，"笨"是因为当初应该要多考虑一下，"笨"是因为当初偷懒或轻率而坏事。"笨"是种自我的主观判断，觉得自己当初如果三思而后行，如今应能做得更好。但是，忧虑者已经把"笨"用得走火入魔，超出这层意涵，因为他们认为自己是在客观的角度上完全永远地"智商低"。

你可以怎么想

尝试在笔记本中写下一个替代想法，或者试着这样想："我的确会一次又一次地犯错，但'人有失手，马有乱蹄'，每个人都一样。我也的确会时不时有悔不当初的时刻，但我并不笨。每个人都有脑袋转不过来的时候，但这并不代表我智商低。平心而论，以我的教育水平，我和大多数人一样聪明，有时比别人聪明，有时又没那么聪明。就算我真的智商低好了（而且未得到证实），我也无能为力，所以我不应该为此感到忧郁。"

6. 我不知道自己要什么

担忧者跟自己说"我不知道自己要什么"的状况并不罕见，而且说得似乎这件事情根本不证自明。真正的担忧者经常和自己这样说，次数多到他们的一生都是在这个基础上生活的，使得自己无法做出选择，最终变得被动又麻木。

这句话经常伴随着："我无法做选择。"更为极端的是，"不知道自己想要什么"常被用来解释你无法做出选择时的感觉。有些人在餐厅不知道该选西红柿汤还是蔬菜汤，便索性不再出去吃饭，避免让自己面临这样的选择。

挑战你的思维

一般来说，这种想法根本不是真的。担忧者往往知道他们想要什么，只是他们不敢表达出来，又或者其实他们有某些期许和偏好，但觉得自己的这些偏好没有足够好的论据来支持。如果更近一步探讨会发现，担忧者与其他人一样对音乐、度假目的地等事情有偏好，但是当涉及重大决策时，他们便表现得似乎不信任自己的偏好。

首先，在你做出选择前，必须对选项的所有优点和缺点进行深入分析。当然决策不该是靠这个分析做出来的。最好的决定不是彻夜未眠思索出来的，而是来自你内心由衷的偏好。而且，就算你做出了错误的决定，那么就回去改变它就好了。何况如果每个选项都那么有吸引力，那么怎么选都会是对的。

你可以怎么想

试试看下列任何一个想法：

"基本上我都知道自己喜欢什么、不喜欢什么，而且通常我都能成功地做出让自己很满意的决定。虽然有时真的很难选，但我尽可能地就我现在拥有的信息，给予自己最佳的建议。这意味着我不必去过度分析，通常我都可以去做或拥有我喜欢的事物。"

"我的生活并不完全取决于我做出的选择。也许往后某天我可能会发现当初所做的选择并不是最好的，但是有时候运气不好是正常的。我就尽管放手让自己去做选择（就算要掷硬币决定也罢），然后看事情会如何演变。

7. 我是失败者

如果你一天跟自己这样说十次，那你终究会开始对自己产生负面的想法。以下想法都属于这个类别："我从来没有成功过"或"我一事无成"或"我从来没做好过任何事"。注意这个判断是多么地以偏概全——"我是失败者"，甚至有些人会说："我是完全的失败者"。

挑战你的思维

这是"非黑即白"思维的范例："如果我没有成功完成我想做到的事，那就意味着我完全地失败了。过程中有无部分事情或任务达成根本无关紧要，因为只要我没有达到标准，就是全然地失败了。"较严重的担忧者全然地相信，将它奉为事实。没那么忧虑的人会知道这是无稽之谈，但尽管如此，这个想法仍在他们脑海长驻，难以驱逐。

而且，这种想法根本是垃圾。一个人永远不可能是个完全的失败者，因为一个完全的失败者根本不可能被生出来。只要这个人仍然活着、呼吸着，能看、能读、能写，便表示至少有许多功能正在成功运作。失败，是一个没有成功达成的行动或任务，而不是用来指整个人。

你可以怎么想

因此，最好的方式是只在具体的行动上判断成败，例如："我没有成功减肥，我也没有成功在第一次就通过驾驶考试，但我确实成功在三个月内找到了一个新家。"或"如果我没有成功达到某些目标，这并不代表我整个人很失败，我只是没有成功达成我想做到的事情罢了。我会再尝试一次，或尝试做别的事情。"

8. 我希望我不是快疯了

有些担忧者会害怕自己永远无法停止忧虑而更加恐慌，然后他们就会开始想象自己完全疯了（不是65%疯了，而是100%疯了），并且对自己说："我希望我不是快疯了"（或"我希望我不是快死了，或患上严重疾病"）。他们经常还会接着对自己说："我不该这样想。"那些这样想的人无疑会说这是一个很实际的问题，但事实并非如此。

挑战你的思维

你不会纯粹因为思考而突然发疯。而且，你对"疯狂"的理解是什么？是心神不宁、精神病，还是精神病学上的脱离现实？你是否还想象自己因此住进精神病院？或许"因忧虑而发疯"并非不可能，但这也会需要很长时间的忧虑才会造成。大多数的担忧者到退休、年老都没有发生这样的情形。但你是很有可能因为忧虑而变得忧郁、焦虑，甚至想要自杀。这就是为什么适当地处理你的忧虑是很重要的。

你可以怎么想

"如果我继续忧虑，我会变得忧郁或焦虑，或两者都是。但是我更有可能一如既往地继续忧虑并且没有发疯。到目前为止，我都还相当正常。就算我继续忧虑，这也并不意味着我会发疯。但我最好还是考虑一下这个可能性，并采取一些预防措施：我会一点一滴地检视我的忧虑，并寻找更好的替代想法。"

穿插小练习

在下面我们列出了一些最热门的忧虑。尝试在这些忧虑旁边用以前述范例的风格写下"挑战思维"和"替代想法"。准备坐下来动动脑吧！通过这些练习，你可以训练自己处理你主要的忧虑。

1. 我很胖、很笨、很丑或很没有吸引力（择一）。
2. 我没有自信。
3. 我无法为自己挺身而出。
4. 我永远无法入睡。
5. 我对社会毫无价值。

9. 我为什么那么忧虑？

许多担忧者很爱一直问自己："我为什么那么忧虑"和"我为什么经常忧虑"。长此以往，这些想法变得难以负荷，以至于他们开始忧虑"他们在忧虑"的这个事实。担忧者很容易花很多时间在这个担忧上，而且令人惊讶的是，这些人通常对最明显的答案不感兴趣——你会担忧是因为你害怕未来的负面事件或负面情绪。而且你错误地认为靠担忧你可以控制未来，但人越担心，就越难做出决定。

挑战你的思维

其实,"知道自己为什么忧虑"并不是最重要的,更重要的是要"接受自己在忧虑"这件事。埋首苦寻自己忧虑的原因会花上你几年的时间,而且不会有什么太大的进展。

你有没有接受"自己害怕未来"这件事?你为什么害怕未来呢?因为你害怕你会感到焦虑或者你不希望发生的事情会发生。或许你害怕自己或生活中的事件不在你的掌控之中;又或许你害怕无法完整地表达自己,害怕自己可能会犯错、会捅什么娄子。

如果我们更近一步检视这份焦虑,会发现它根本是多此一举。在大多数情况下,人们处理挫折、面对情绪的能力比自己想象的好得多,所以你不必那么害怕自己未来需要面对的情绪。此外,人们通常也比自己想象的更能处理困难的事情(例如发表演讲)。何况,不断地提心吊胆并不会改善你未来的表现,你只会浪费大量时间在焦虑罢了。

你可以怎么想

"一旦我又开始去想自己为什么那么忧虑时,我会提醒自己这并不重要,它只会浪费我很多时间而已。更重要的是我要如何停止忧虑。此外,在我心底深处,我其实知道自己为什么如此忧虑——因为我害怕未来,我害怕我想象中的未来。因此,我害怕的其实是自己的想法、幻想和想象。我所谓的未来其实只存在于我自己的思想中。事实上,我的未来可能与我想象中的完全不同。也就是说,害怕着一个可能与我想象中完全不同的未来是没有意义的。"

10. 这什么时候才会结束?

想着自己究竟何时才能不再忧虑耗时且令人郁闷。你不断地咀嚼着你在忧虑、抑郁或不开心的事实。

"这种糟糕的感觉还要持续多久?"你问。但这种抱怨性的问题对担忧者来说其实是个反问,因为在他们的想象中,答案只有一个——它永远都不会有结束。

其实这种抱怨的目的是要博得同情。一开始可能真的奏效,但一段时间过后他人给予的同情将渐渐消失,因为人们会发现,很显然这个在抱怨的人并没有努力去改善引起抱怨的根源。因为当一个人只会抱怨时,他除了尝试博得同情之外并没有在做任何事。

挑战你的思维

如果你真的想知道还要多久自己才能不再忧虑,那么答案很简单:直到你痊愈。一般来说,腿骨折了会需要至少六周才能复原。那么只要你过度忧虑的状况没有混合抑郁障碍或焦虑障碍的话,也需要至少六周,否则就需要更长时间。

此外,这也取决于你让自己痊愈的方式。如果你认真做本书中的所有练习,一个一个尝试,那么你的康复速度会比认为这些练习不适合你要更快。当你意识到过度担心只是个暂时性的问题,而非你的性格特征,而且可以通过适当的练习或治疗来解决,那么你恢复的速度也会比较快。

你可以怎么想

"我会给自己足够时间来恢复。如果我认真对待,那么我会需要六个星期,也可能更久。但如果我什么都不做,那肯定会花更长的时间。让我尽快将忧虑转换成动力,朝美好的未来努力。"

11. 但我这个人就是这样

"我改不了,因为我这个人就是这样"已经向忧虑投降的担忧者是这么想的。仿佛要改变他们的忧虑习惯就要改变他们整个人的个性,其实不然。

挑战你的思维

这是我们讨论这个议题的好时机。

的确,有些人从不忧虑,有些人不停忧虑,就好像容易忧虑是固定的人格特质似的。研究也证实,拥有某些人格特质的人比一般人更容易过度忧虑,如:神经质的人较容易忧虑。神经质是一种容易有焦虑、忧郁、没安全感、非黑即白思维、完美主义、害怕失败等倾向的人格特质,有时与遗传因素有关。

值得注意的是,并非所有神经质的人都会永无止境地担忧。虽然神经质的个性恐怕难以改变,但无论是通过自助还是专业治疗,"以忧虑作为表达方式"的行为是可以改变的。简而言之,即使你是个神经质的人,你仍然可以改变你忧虑的状况。

你可以怎么想

"我不必因为想要不再忧虑而改变整个人。'忧虑'只与我一小部分的个性有关,只是一个坏习惯罢了。只要我愿意,我就可以改变它。在我的生活中,我也有过不忧虑或没那么忧虑的时候,所以我要回到这样的生活有何不可呢?而且,在我惊觉自己是个不断忧虑的人的那一刻,就证明了我有把忧虑推开的能力。虽然不是每一次都成功,但至少有一半的时候是如此。"

12. 我必须停止这样想

如果你已经用了所有办法来掌控忧虑却没有奏效,那么你大概有想要让这些想法都停止的强烈欲望。如果你已经失眠好几天或更久,且忧虑挥之不去,那么感到绝望并怀疑自己是否能够有天摆脱它们是完全正常的。

有些人大量饮酒,或多或少暂时成功地摆脱这些忧虑;有些人则试图服用大麻或其他影响意识的药物。在大多数情况下,麻痹自己或隔离忧虑根本没用,酗酒和滥用药物造成的结果比忧虑本身还要糟糕。一旦药物的作用消失,你的忧虑会看起来比原本的更严重。少量安眠药可以帮助你暂时隔绝思绪,但第二天它们又会回来纠缠。要记得,如果你想着:"我必须停止这样想,我再也忍受不了了。"或"如果状况再持续五分钟我就会疯掉。"或其他类似的想法,那么事情只会因此更糟。到了这个阶段,你大概已十分抑郁,或许甚至有自杀倾向(为了摆脱这些想法你甚至考虑结束自己的生命)。

挑战你的思维

如果你不断重复对自己说:"我想停止这些想法",那么有一天你会发现自己就只剩下这些想法了,因为所有其他的想法都被这一个念头推走了。接着,你会被迫绞尽脑汁,试图阻止这些恼人的想法,但想到的每个方法都只会造成更多的问题。你可能会感觉很糟,糟到一时冲动起来会想做出惊天动地的事,像是伤害自己、服用药物或结束自己的生命,但是这些方法都比原本的问题还要糟糕!其实,只要换个方向就能找到解决方案——首先,你要接受这些想法。你是能够容忍这些想法的,而且你并不需要去阻止它们。要记得,它们就只是想法而已。当你又想阻止这些想法时,你要做的就是接受"你有这些想法"的事实,且将它们视为"你的生活并非一切顺利"的迹象。你仍然可以好好地与这些想法和平共处。如果你去坐下并接受自己有这些想法,那么你会发现其实根本没有什么事。然后,你便可以开始逐一检视自己的想法(最好与你信任的人或心理学家一起),挑战自己的想法,并寻找更好的替代思绪。要记得,想要一蹴而就改变所有想法是不太可能的,但是如果你能从一些主要的思绪着手(例如:"我没有未来""我永远不会再幸福")并为它们找到更好的替代思绪,那么你便已经朝对的方向迈出了一大步。

你可以怎么想

我接受现在的自己有很多让我十分难受的想法。我很想停止想它们,但它们并不会一瞬间就通通消失。我会尝试检视一些想法并寻找更好的替代思绪。在有必要的时候,我会向我信任的人、家庭医生、心理辅导中心或心理学家寻求帮助。我接受这些想法正和我说着:"我的生活并非一切顺利"。而我或许因此感到十分忧郁,我的思维也因此受到影响,使我难以对未来作出最好的判断。每当我又想着:"我必须让这些想法停止,因为我再也受不了了。"我会对自己说:"我想停止这些想法,我也会继续努力,但我其实是可以容忍它们的。"

每当你又想服用药物或做其他事情来隔绝这些思绪时,和自己说:"等一下。我先去寻求帮助来检视我的想法,挑战并改进它们。"

13. 这世界少了我会更美好 / 我对其他人来说是负担

或许某天你会忧虑到觉得如果没了自己,对每个人都会更好。也许你会想:"我的朋友和家人已经受够我了""我只是我孩子的负担""他们怎么会想和我有任何瓜葛。我喜怒无常、抑郁,又是个负担,所以我不如离开"。

这类想法普遍存在于自杀未遂和抑郁的人心中。但这些论述并不合理,尤其是"如果我自杀了,没有人会在乎"。几乎从来都不是真的。一些抑郁的担忧者会说:"如果我不在了,也没有人会因而不开心。没有人在乎我、想念我。就算难过,也会非常快就忘了。"如果你有类似想法,你要知道自己可能患上了严重的抑郁症,而且这些论述完全是错的,你已经陷入了脱离了现实的思维牢笼。现实是迥然不同的:你的亲友可能因为你的自杀产生长期创伤,悲伤多年。就算你认为这与你无关,它依然是不争的事实。

挑战你的思维

一般来说，我们都知道这些想法并不合理。在大多数情况下，"你自杀"是你的亲友最不乐见的事。

若要是问你的朋友、家人或孩子的想法，他们顶多说你的忧虑让他们疲惫，或你对生活抑郁的态度使他们厌倦，但即便如此，他们宁愿你还在他们身边。若要让他们选择，他们宁可你继续存在他们的生活中，就算你有时可能很烦人。或者他们会说，其实你带给他们的负担是可以承受的，你不应该因为抑郁而责备自己，而且他们会支持生病的你。然而，最重要的是你要注意：如果你自杀了，那么你所爱的人会万分悲伤，你的自杀将是他们更加沉重的负担。对你爱的人而言，你自杀所造成的痛苦远比你现在的忧虑、抑郁带来得大多了。简而言之，你留在他们身边比离开他们好得多。

你可以怎么想

大家可能会觉得我的忧虑和对生活抑郁的态度令人厌倦，但这或许和我腿部骨折、因为慢性病必须让亲友长期照顾的感觉是一样的。他们可能很乐意能够在我生病时给予帮助。我也会努力改变忧虑的习惯，尽快恢复，不让自己成为他们沉重的负担。如果我真的自杀了，我真的会给我所爱的人带来极大的负担，而我并不想这样做。如果我觉得自己死了亲人并不会感到悲伤，那么我知道自己是因为严重抑郁才会这么想，而且这种想法并不是真的。我会尽己所能不那么抑郁。

14. 人生不会好转 / 我没有未来 / 人生没有意义

长期的忧虑者倾向重复下列想法："活着还有什么意义？""我的人生不会好转"或"我没有未来"。重要的是，你若有这些想法，就要去观察它们在一天内出现的频率。如果它们一天重复出现 10 次以上，那么你很可能即将或已经患上抑郁症。抑郁的人往往会落入类似的思维的无底洞，连续地、不停地重复想着，有时候主题上的变化也不大。

但是，这样无止境的重复，到底有什么好处呢？你何必让自己重复同样的想法十次甚至更多次？它有让你的生活更具意义吗？问题的核心在于，你越频繁地重复这些想法，它们就看起来越像真的，你就会越继续地相信它们——但这些想法并不正确。

挑战你的思维

"人生是否有意义"是个典型的"全有全无"问题：人生有意义还是没有？它不是 100% 就是 0%。忧虑者通常看不到任何中间值，可能人生 40% 的时候有意义，60% 的时候没意义。但是，你若问人们究竟是如何定义"生命的意义"，你往往不会得到一个确切的答案。其实，确切的答案根本不存在，因为生命的意义是个包罗万象的表达——它可能涵盖了一切，但却没有一件事情可以准确地描述它包含的内容。即便是那些从没质疑过生命意义的人也很难定义它。这个关于生命意义的问题其实是个反问：答案怎么问都只会是负面而消极的。总之，质疑生命意义这件事情本身就没有意义。诚如质疑自己是否有任何未来一样，不如不问。当然，好的和坏的经验都会在未来等你，人生的某些部分是否会更好你目前也无从得知，只能待未来的自己亲身体验。

你可以怎么想

或许我不该再自问我的人生有多少意义了，因为这个问题并没有答案，不如不问，而我也会试着搜集生活中幸福的点滴。我不知道未来会如何发展，我无法预测，但总是会有开心与不开心的时光。我会尽己所能地去实现我的目标，虽然我不知道自己会成功多少，但至少我可以正视结果。

应对反复出现的自杀念头

我们先前提及的忧虑的认知治疗的元素,可以应用于应对自杀念头。其中要点是把忧虑集中在一天中的固定时段。

在固定的时段想自杀这件事

A 女士在看过一连串医疗保健专业人员后,来到我这里接受治疗,因为多年来她一直为自杀的想法所扰。事实上,她压根儿不想自杀,但受尽这些忧虑的折磨,看不见任何出路。她有严重的抑郁。虽然她被诊断患有边缘性人格障碍,但目前的表现较偏向抑郁。在过去,她已经有几次自杀未遂的记录。介绍她过来的人说她患有强迫症,会一直去思考自杀。她持续地想象自己会如何从屋顶跳下、跳到火车前面、割腕或吞药……这些画面在她的脑海中重复而不间断地上演。今年 33 岁的 A 女士正在经历强烈的自我厌恶。她讨厌自己。这与她在成长过程中的许多负面经历有关。她主要重复以下想法:

- 我不想要再忍受这一切了。
- 我再也无法享受任何事物。
- 我就是无法忍受去想这件事。
- 当我不在了，我就不再会是任何人的负担。
- 我再也受不了了。
- 我看不到任何事情的意义。
- 我无法想象有任何人可能会喜欢我。

事实上她每天重复这些想法超过500遍，因此感到筋疲力尽。她试图阻止这些想法，但她越努力推开它们，它们涌回来时就越强烈。

因此，我提供给她下列指示，来帮助她在某种程度上掌控这些想法：

指示

A女士您好：

或许您可以尝试下面的方法。与其阻止您的这些想法，不如将它们延迟到特定的时段。因为当您试图阻止它们时，它们总是又会再回来。在您最不希望它们出现之际，它们会和您"不去想粉红大象"一样出现。意思是，假设我说："如果您在接下来的5分钟不去想一只粉红色大象的话，我就给您1000欧元。"但极有可能您无法做到这件事，粉红色大象会一直不断地回到您的脑海中——诚如所有您试图阻止或禁止自己去想的事情。

因此，我建议您还是允许自己有这些自杀的想法，但不是一整天都想，而是只在固定时段想。我建议您每天预留几个小时的时间，什么事都不做，只用来想自杀。如果您能每天想自杀 3 次，每次 1 小时，然后在这 3 个时段之外花的时间相当少，那或许您总共花的时间会比原本少上好几个小时，您就能有更多时间来做别的事。

其中诀窍是，如果您允许自己在下一个时段去想自杀的事，那么在时段之间您去想自杀的需求就会降低。您可以安心地跟自己说："我可以今晚晚餐后/明天再想。"然后您便能满足自己思考自杀的需求，却不必一整天都在做这件事。

我会建议您带着笔记本和计时器到桌边坐一小时，并确保您不会受到任何干扰，让自己可以全心全意地投入来思考自杀。将计时器设定为一个小时，在倒数结束时停止。如果您觉得自己还没有想完，那就延迟到下一个时段继续。

如果我没弄错您的意思的话，您每天大约花 18 个小时思考自杀、想象自己自杀的样子，也反复咀嚼着诸如："我再也受不了了""我无法想象有任何人会喜欢我"的种种想法。如果您现在可以把这些想法集中在 1 小时，每天 3 次，那您就可以省下 15 个小时去做别的事情。因为，老实说，我认为现在每天花 18 小时还是 3 个小时来想自杀根本没差。难道一天 3 小时来想自杀不够吗？难道在剩下的 15 个小时里，您有想出更多创新的自杀想法吗？

这个练习可以帮助您学习控制自杀念头的开始、暂停以及延迟，让您重新掌握控制权，不再被这些想法推来推去。我们的目标是让您在时段之间减少自杀思绪，虽然这不容易，但您不妨试试。您也能用关键词记下浮现在脑海中的想法，写在纸上，下个时段再拿出来看。如果您在时段之间有强烈的欲望想要想自杀的事，那也不必担心，尽可能地将想法延迟到下一个忧虑时段就好了。

若当您坐下来准备开始想自杀的事，却发现脑中没有任何想法（很可能有这种状况），那么您可以试着从上一个忧虑时段或昨天的思绪接下去想。在大多情况下，您可以很快地再度接续原本的思绪。

如果您半夜醒来，开始想自杀的事，那么也尝试用关键词把思绪捕捉到笔记本上。然后把笔记放进一个鞋盒，收到床底下。在隔天早上的忧虑时段再把笔记从鞋盒拿出来用。

您问，在忧虑时段之间该去哪、做些什么呢？嗯，这完全取决于您。您可以读本书、解组数独，或者打电话、拜访好友，又或者在家看电视、什么都不做。您可以自由决定。一开始您会不太习惯因为少想自杀而多出的闲暇，建议您安排团体活动来填补这些空白时间。

若您发现这项练习进展顺利，就可以试着将忧虑时段缩减到半小时或15分钟。您会逐渐摆脱这些强迫性的自杀想法，而它们的出现也会慢慢更受您的自由意志控制。所以，我们的目标并非是要阻止您所有的自杀念头，而是希望能以这些练习减轻它们所带来的负担。

就这样，A女士收到了我告诉她如何降低这些强迫性自杀思绪所带来的痛苦的信。几个星期后，A女士似乎已能成功地将自己的自杀思绪管控在一天中的几个小时。因为她不想再受到这些思绪控制，所以她主动将想自杀的时间降低并集中在每天 3 个时段，每次 15 分钟。在时段之间，当自杀思绪又来敲门时，她会对自己说："现在不行，等一下！" A 女士的看护发现她开始参加活动了，发现她又变得活跃开朗了，谈论自杀的次数也明显地减少了。

当然，并不是每个案例都像 A 女士那么成功，总有些案例的进步速度比较慢，效果也相对没那么显著。但这是一个在面对慢性且强迫性的自杀念头时，可以考虑尝试的方法之一。

听起来耳熟吗？

身为读者的你认同信中提到的方法吗？你是否愿意尝试这些指示呢？

当忧虑成了夸大的隐喻

许多忧虑以隐喻的形态存在，如："我根本就被活埋在这个郊区。"说这句话的人当然没有被活埋，但他把这句话说得好像真的一样。这不过是个隐喻，一个他用来表达他感受到自己处境严重性的隐喻——也就是非常严重。所有的隐喻或多或少都带有夸大的成分。这个人事实上并没有被活埋，他活得好好的，但因为他任由这个想法成天在他脑中乱窜，最终使得自己心情跌落谷底（又是一个隐喻）。有很多话重复地说就成了忧虑。比如："他们把我当白痴对待"或"我到看护院久了就会变成植物人"。隐喻很清晰，但就也只是一种表达方式罢了。事实上，看护院里没有什么植物人，也只有少数人再也不太能与身边的人沟通。把自己说成是植物人，也真的是夸大了。

非常忧虑的人会相信自己夸大的言语而不自觉，并把这些论述奉为不争的事实："我不得已真去了看护院，最后会变成一个植物人。"这看似可怕的前景不过是夸饰与幻想罢了。

许多忧虑者的特征是，他们不再将这些夸大的隐喻视为表达的方式，而是事实的论述，终而相信了这些说法。例如，曾有个案例是位排球社团技术委员会的主席，他在两年任期结束后并未受邀续任。他因此觉得自己受到不平等的对待,以至于他说:"他们贬低了我。"他因此失眠了好几周,觉得自己的遭遇不公不义。我们花了很多工夫才说服他,其实"贬低"这个词不太适用于他的处境。一旦他明白了自己有多过度夸大现实的状况,他又能安然入眠了。他的际遇其实并没有那么的不公平。这个故事的寓意是:忧虑者夸大现实并对其深信不疑的状况并不罕见。

忧虑是你的自我防卫与折磨

现在我们来到了本书的尾声,不如再来看看忧虑本身的功能。人们到底为什么那么经常忧虑,又忧虑得这么多呢?这个现象在心理学上的解释是什么呢?

作者认为,我们可以将忧虑理解为一种不成功的自我防卫方式。忧虑者试着影响他们的未来,试着预防潜在的危险事件或状况。忧虑,其实是他们保护自己免于未来灾难的方式。因此,我们可以说"忧虑"是一种自我防卫的形式。

只是,人们在面临危险时,通常选择迎战或逃跑,但忧虑者则不——他们只是僵在原地。某种程度上,忧虑者在自我防卫的过程中陷入了胶着状态,被困在一个反复出现的非黑即白思绪的罗网中。在这个罗网里,他们将夸大的隐喻当成事实,最终就这么原地不动地僵住了。这份胶着渐渐就成了折磨,因为他们感到无力、无助,没有选择的余地,只有恼人的思绪不断地砸来。最终,这个状态便成了一种自我惩罚。这就是为什么过度忧虑是一种自我防卫,却也是种自我折磨。

正常的担忧可以被视为一种自我保护,但过度忧虑早已变了质,成了自我折磨。我们建议那些想要摆脱折磨的人从头到尾阅读本书,更重要的是要做练习。

最后几个技巧

给那些还想要多做点练习来停止忧虑的读者,还有几个小技巧:

1. 除以二

如果你紧抓住长久以来的忧虑不放,你会经常有夸张的想法伴随负面的感受。你若抱怨"被活埋",便会死气沉沉;你若抱怨"被贬低",便会郁郁寡欢;你若觉得人生没有意义,便会怅然若失。为了重新调整这些感觉的比例,你可以试着将感觉和想法除以二。试着将不平的感受除以二,只留下一半不愉快的感觉,然后自问:这一半的感觉难道不足以形容发生在你身上的事情吗?例如,我会建议前面所提案例中的那位排球社团技术委员会主席去试着寻找只有"被贬低"的感受强度一半的叙述。像是:"委员会看到了不再需要我服务的原因。"

你若觉得人生没有意义,那就试着将这个感觉除以二:"我的人生美好的部分有意义,但是另外一部分没有。"(另外那个没那么美好的部分其实就是你在忧虑的时候)你若抱怨觉得自己"被活埋"，也把这感觉除以二："我还没被活埋，只是一只脚踩进坟墓而已。"

另一个建议是去将你的忧虑时间除以二。你若每天平均花六小时担忧，那就将这时间除以二，试着一天不要花超过三小时。要记得，虽然在三小时内无法像在六小时内忧虑那么多，但是如果你严格执行，那你会发现三小时其实绰绰有余。

2. 所以呢？

最后一个练习，我们叫它"所以呢？"练习，蛮好用的：你对未来有任何焦虑时，你就自问："所以呢？"（你也可以把"所以呢？"替换成"喔，真的吗？"）在自问一连串的"所以呢？"之后，就想象你害怕的事件发生一年后的状况。例如：

"我很害怕我不能通过考试。"

"所以呢？"

"我就无法完成学业。"

"所以呢？"

"我让父母失望。"

"喔，真的吗？"

"这会让他们非常不开心。"

"所以呢？"

"我就要换个科目或去工作。"

"所以呢？""你在一年后的感觉会如何？"

"或许我会后悔我当初读书不够认真用功。但同时我还是会找到出路，说不定是条比现在的学业更让我满足的道路。"

或另一个例子：

"我很害怕我老婆会离开我。"
"所以呢？"
"我会受不了。"
"所以呢？"
"我会疯掉。"
"喔，真的吗？"
"那会是个灾难。"
"所以呢？"
"我会酗酒。"
"然后呢？"
"我会喝酒喝到挂。"
"喔，真的吗？"

在一连串的自问自答中，你会发现自己其实是在夸张的想法上，又堆砌了更夸张的想法。你在事情发生一年后的处境大概会如何呢？或许你可以说："一年后最糟的状况可能就过去了，我或许有机会和一个不错的女人展开新恋情。"但你永远无法确切地知道任何事情。

这个练习的目的是要帮你真正地、仔细地去检视你焦虑的事情可能产生的结果。如果你害怕的事情全都成真了，会怎么样？在大多数情况下，你所害怕的事可能会有令人不快的结果，但就长远来看，即便是在最差的状况下，你在未来还是会有各种可能的处理方式与选择。而当你在更远的未来蓦然回首时，可能会发现曾经面临的挑战都让人生更加美好。

结论

忧虑是一种有时以自我折磨形态存在的自卫机制。希望你有从本书学到：不过度忧虑才能更好地保护自己。如果你并没有成功减少忧虑，而且已经认真使用本书的所有练习，那么是时候寻求专家的协助了。你可以去求助心理学家、心理治疗师或精神科医生。这些专家都能给你更多的帮助。不要等到太晚才去寻求协助，不然你会在原地继续忧虑、继续浪费时间，这样既无济于事，也会让你身心俱疲。一般而言，长期受忧虑困扰的人也能在专家的帮助下，在6周内解决他们的忧虑问题，当然有时会耗时更长。我们的建议是及早寻求协助。

更多信息

想知道关于忧虑的更多信息吗？下面是本书作者推荐的书单：

Butler, G. and Hope, T.（2007）*Manage your Mind*, 2nd edn. Oxford: Oxford University Press.

Leahy, R.L.（2003）*Cognitive Therapy Techniques*. New York: Guilford Press.

Leahy, R.L.（2006）*The Worry Cure*. London: Piatkus.

Nolen Hoeksema, S.（2005）*The Worry Princess*. Archipel.

补充说明

本书的练习非常适合在抑郁、倦怠或焦虑的心理治疗初期使用。那些感到被自己的思绪或情绪支配的人们能够很快地从中获益。他们可以在等待正式的心理咨询或治疗开始的时间里就使用本书方法开始康复。

相关的研究显示：忧虑减少的同时，焦虑感与抑郁感也会降低。虽然还没有研究探讨这套方法是否在住院病人与门诊病人有相同程度的效果,但在作者亲身治疗的实例中,来访者在积极使用这些练习后,通常有抑郁与焦虑改善的现象。

参考文献

Anderson, L., Lewis, G., Araya, R., Elgie, R., Harrison, G., Proudfoot, J., Schmidt, U., Sharp, D., Weightman, A. and Williams, C. (2005) 'Self-help books for depression: how can practitioners and patients make the right choice?' *British Journal of General Practitioners*, 55: 387–92.

Beck, A.T., Rush, A.J., Shaw, B.F. and Emery, G. (1979) *Cognitive Therapy of Depression*. New York: The Guilford Press.

Boer, P.C. den, Wiersma, D. and Van den Bosch, R.J. (2004) 'Why is self-help neglected in the treatment of emotional disorders? A meta-analysis', *Psychological Medicine*, 34: 959–71.

Borkovec, T. D. (1994) 'The nature, functions, and origins of worry', in G. Davey and F. Tallis (eds) *Worrying: Perspectives on Theory, Assessment and Treatment*. Chichester: Wiley, pp. 5–33.

Borkovec, T.D. and Costello, E. (1993) 'Efficacy of applied relaxation and cognitive behavioral therapy in the treatment of generalized anxiety disorder', *Journal of Consulting and Clinical Psychology*, 61: 611–19.

Borkovec, T.D., Depree, J.A., Pruzinsky, T. and Robinson, E. (1983) 'Preliminary exploration of worry: some characteristics and processes', *Behaviour Research and Therapy*, 21: 9–16.

Borkovec, T.D. and Inz, J. (1990) 'The nature of worry in generalized anxiety disorder: a predominance of thought activity', *Behaviour Research and Therapy*, 28: 153–8.

Borkovec, T.D. and Newman, M.G. (1999) 'Worry and generalized anxiety disorder', in A.S. Bellack, M. Hersen, and Salkovskis (eds) *Comprehensive Clinical Psychology*, vol. 4: *Adults*. Oxford: Elsevier Science, pp. 439–59.

Borkovec, T.D. and Roemer, L. (1995) 'Perceived functions of worry among generalized anxiety disorder subjects: distraction from more emotionally distressing topics?' *Journal of Behavior Therapy and Experimental Psychiatry*, 26: 25–30.

Borkovec, T.D. and Sharpless, B. (2004) 'Generalized anxiety disorder: Bringing cognitive-behavioral therapy into the valued present', in S.C. Hayes, V.M. Folette, and M.M. Linehan (eds) *Mindfulness and Acceptance: Expanding the Cognitive-behavioral Tradition*. New York: Guilford, pp. 209–42.

Broderick, P.C. (2005) 'Mindfulness and coping with dysphoric mood: contrasts with rumination and distraction', *Cognitive Therapy and Research*, 29: 501–10.

Brosschot, J.F., Gerin, W. and Thayer, J.F. (2006) 'The perseverative cognition hypothesis: a review of worry, prolonged stress-related physiological activation, and health', *Journal of Psychosomatic Research*, 60: 113–24.

Brosschot, J.F. and Van der Doef, M. (2006) 'Daily worrying and somatic health complaints: testing the effectiveness of a simple worry reduction intervention', *Psychology and Health*, 21: 19–31.

Butler, G. (1994) 'Treatment of worry in generalized anxiety disorder', in G. Davey and F. Tallis (eds) *Worrying: Perspectives on Theory, Assessment and Treatment*. Chichester: Wiley, pp. 209–27.

Chelminski, I. and Zimmerman, M. (2003) 'Pathological worry in depressed and anxious patients', *Journal of Anxiety Disorders*, 17: 533–46.

Cuijpers, P. (1997) 'Bibliotherapy in unipolar depression', *Journal of Behavioural Therapy and Experimental Psychiatry*, 28: 139–47.

Davey, G. and Tallis, F. (1994) *Worrying: Perspectives on Theory, Assessment and Treatment*. Chichester: Wiley.

Davey, G.C.L. and Wells, A. (2006) *Worry and its Psychological Disorders: Theory, Assessment, and Treatment*. Chichester: Wiley.

Dugas, M.J., Gagnon, F., Ladouceur, R. and Freeston, M.H. (1998)

'Generalized anxiety disorder: a preliminary test of a conceptual model', *Behaviour Research and Therapy*, 36: 215–26.

Foekema, H. (2001) *Een ieder lijdt het meest . . .* Amsterdam: Nipo.

Fresco, D.M., Frankel, A.N., Mennin, D.S., Turk, C.L. and Heimberg, R.G. (2002) 'Distinct and overlapping features of rumination and worry: the relationship of cognitive production to negative affect states', *Cognitive Therapy and Research*, 26: 179–88.

Hayes, S.C. (2005) *Get Out of Your Mind and into Your Life*. Oakland, CA: New Harbinger Publications.

Hazlett-Stevens, H. (2005) *Women Who Worry Too Much*. Oakland, CA: New Harbinger Publications.

Hermans, H. (2006) *Je piekert je suf*, 9th edn. Amsterdam: Boom.

Hong, R.Y. (2007) 'Worry and rumination: Differential associations with anxious and depressive symptoms and coping behavior', *Behaviour Research and Therapy*, 45: 277–90.

Kerkhof, A.J.F.M., Hermans, D., Figee, A., Laeremans, I., Pieters, G., and Aardema, A. (2000) 'De Penn State Worry Questionnaire en de Worry Domains Questionnaire: eerste resultaten bij Nederlandse en Vlaamse klinische en poliklinische populaties', *Gedragstherapie*, 33(2): 135–45.

Ladouceur, R., Dugas, M.J., Freeston, M.H., Léger, E., Gagnon, F., and Thibodeau, N. (2000) 'Efficacy of a cognitive-behavioral treatment for generalized anxiety disorder: evaluation in a controlled clinical trial', *Journal of Consulting and Clinical Psychology*, 68(6): 957–64.

Leahy, R.L. (2002) 'Improving homework compliance in the treatment of generalized anxiety disorder', *Journal of Clinical Psychology*, 58: 499–511.

Leahy, R.L. (2003) *Cognitive Therapy Techniques: A Practitioner's Guide*. New York: The Guilford Press.

Leahy, R.L. (2006) *The Worry Cure: Stop Worrying and Start Living*. London: Piatkus Ltd.

Leahy, R.L. and Holland, S.J. (2000) *Treatment Plans and Interventions for Depression and Anxiety Disorders*. New York: Guilford.

Muris, P., Roelofs, J., Rassin, E., Franken, I., and Mayer, B. (2005) 'Mediating effects of rumination and worry on the links between neuroticism, anxiety and depression', *Personality and Individual Differences*, 39: 1105–11.

Nolen-Hoeksema, S. (2003) *Women Who Think Too Much*. New York: Holt and Co.

Segal, Z.V., Williams, M.J.G., and Teasdale, J.D. (2002) *Mindfulness-based Cognitive Therapy for Depression: A New Approach to Preventing Relapse*. New York: Guilford.

Spek, V., Cuijpers, P., Nyklicek, I., Riper, H., Keyzer, J. and Pop, V. (2006) 'Internet based cognitive behaviour therapy for symptoms of depression and anxiety: a meta-analysis', *Psychological Medicine* (doi:10.1017/S0033291706008944).

Sterk, F. and Swaen, S. (2004) *Leven met een piekerstoornis* (How to Live with a Worry Disorder). Houten: Bohn Stafleu Van Loghum.

Stöber, J. and Bittencourt, J. (1998) 'Weekly assessment of worry: adaptation of the Penn State Worry Questionnaire for monitoring changes during treatment', *Behaviour Research and Therapy*, 36: 645–56.

Tallis, F. (1990) *How to Stop Worrying*. London: Sheldon Press.

Tallis, F. and Eysenck, M.W. (1994) 'Worry: mechanisms and modulating influences', *Behavioural and Cognitive Psychotherapy*, 22: 37–56.

Watkins, E., Moulds, M., and Mackintosh, B. (2005) 'Comparisons between rumination and worry in a non-clinical population', *Behaviour Research and Therapy*, 43: 1577–85.

Wells, A. (2000) *Emotional Disorders and Metacognition*. Chichester: Wiley.

Wells, A. and Papageorgiou, C. (1995) 'Worry and the incubation of intrusive images following stress', *Behaviour Research and Therapy*, 33: 579–83.

图书在版编目(CIP)数据

赶走忧虑:28 天重回生活正轨 /（荷）艾德·克考夫等著；熊偌均译. — 上海：上海社会科学院出版社，2020
书名原文：Stop worrying
ISBN 978-7-5520-3185-0

Ⅰ.①赶⋯ Ⅱ.①艾⋯ ②熊⋯ Ⅲ.①焦虑—心理调节—通俗读物 Ⅳ.①B842.6-49

中国版本图书馆 CIP 数据核字(2020)第 085827 号

赶走忧虑:28 天重回生活正轨

著　者：[荷兰]艾德·克考夫等
译　者：熊偌均
责任编辑：周　霈
封面设计：夏艺堂
出版发行：上海社会科学院出版社
　　　　　上海顺昌路 622 号　邮编 200025
　　　　　电话总机 021-63315947　销售热线 021-53063735
　　　　　http://www.sassp.cn　E-mail:sassp@sassp.cn
照　排：南京理工出版信息技术有限公司
印　刷：上海天地海设计印刷有限公司
开　本：890 毫米×1240 毫米　1/32
印　张：7.125
字　数：155 千字
版　次：2020 年 9 月第 1 版　2020 年 9 月第 1 次印刷

ISBN 978-7-5520-3185-0/B·280　　　　　　　　　定价：42.00 元

版权所有　翻印必究

English language of Piekeren by Ad J. F. M. Kerkhof

First edition copyright 2010 by Open University Press. All rights reserved.

English translation copyright © Anna George，2010

All rights reserved. No part of this publication may be reproduced or transmitted in any form or by any means，electronic or mechanical，including without limitation photocopying，recording, taping, or any database，information or retrieval system, without the prior written permission of the publisher.

This authorized Chinese translation edition is jointly published by McGraw-Hill Education and Shanghai Academy of Social Sciences Press. This edition is authorized for sale in the People's Republic of China only，excluding Hong Kong, Macao SAR and Taiwan.

Translation Copyright © 2020 by McGraw-Hill Education and Shanghai Academy of Social Sciences Press.

版权所有。未经出版人事先许可，对本出版物的任何部分不得以任何方式或途径复制或传播，包括但不限于复印、录制、录音，或通过任何数据库、信息或可检索的系统。

本授权中文简体字翻译版由麦格劳-希尔（亚洲）教育出版公司和上海社会科学院出版社合作出版。此版本经授权仅限在中华人民共和国除港澳台地区以外的其他省区市销售。

版权 © 2010 由麦格劳-希尔（亚洲）教育出版公司与上海社会科学院出版社所有。

本书封面贴有 McGraw-Hill Education 公司防伪标签，无标签者不得销售。

上海市版权局著作权合同登记号：图字 09-2017-858 号